风景园林理论与实践系列丛书

北京林业大学园林学院 主编

Saline Wetlands Landscape Ecological Restoration Study

盐水湿地景观生态修复研究

叶郁 著

中国建筑工业出版社

图书在版编目（CIP）数据

盐水湿地景观生态修复研究/叶郁著.—北京：中国建筑工业出版社，2016.10
（风景园林理论与实践系列丛书）
ISBN 978-7-112-20042-9

Ⅰ.①盐… Ⅱ.①叶… Ⅲ.①沼泽化地—景观生态建设—研究 Ⅳ.①P941.78

中国版本图书馆CIP数据核字（2016）第260474号

责任编辑：杜　洁　兰丽婷
书籍设计：张悟静
责任校对：王宇枢　张　颖

风景园林理论与实践系列丛书
北京林业大学园林学院　主编

盐水湿地景观生态修复研究
叶郁　著
＊
中国建筑工业出版社出版、发行（北京海淀三里河路9号）
各地新华书店、建筑书店经销
北京锋尚制版有限公司制版
北京云浩印刷有限责任公司印刷
＊
开本：880×1230毫米　1/32　印张：5¼　字数：173千字
2017年1月第一版　2017年1月第一次印刷
定价：**35.00元**
ISBN 978 – 7 – 112 –20042 – 9
　　　　（29182）

学到广深时，天必奖辛勤
——挚贺风景园林学科博士论文选集出版

　　人生学无止境，却有成长过程的节点。博士生毕业论文是一个阶段性的重要节点。不仅是毕业与否的问题，而且通过毕业答辩决定是否授予博士学位。而今出版的论文集是博士答辩后的成果，都是专利性的学术成果，实在宝贵，所以首先要对论文作者们和指导博士毕业论文的导师们，以及完成此书的全体工作人员表示诚挚的祝贺和衷心的感谢。前几年我门下的博士毕业生就建议将他们的论文出专集，由于知行合一之难点未突破而只停留在理想阶段。此书则知行合一地付梓出版，值得庆贺。

　　以往都用"十年寒窗"比喻学生学习艰苦。可是作为博士生，学习时间接近二十年了。小学全面启蒙，中学打下综合的科学基础，大学本科打下专业全面、系统、扎实的基础，攻读硕士学位培养了学科专题科学研究的基础，而博士学位学习是在博大的科学基础上寻求专题精深。我唯恐"博大精深"评价太高，因为尚处于学习的最后阶段，博士后属于工作站的性质。所以我作序的题目是有所抑制的"学到广深时，天必奖辛勤"，就是自然要受到人们的褒奖和深谢他们的辛勤。

　　"广"是学习的境界，而不仅是数量的统计。1951年汪菊渊、吴良镛两位前辈创立学科时汇集了生物学、观赏园艺学、建筑学和美学多学科的优秀师资对学生进行了综合、全面系统的本科教育。这是可持续的、根本性的"广"，是由风景园林学科特色与生俱来的。就东西方的文化分野和古今的时域而言，基本是东方的、中国的、古代传统的。汪菊渊先生和周维权先生奠定了中国园林史的全面基石。虽也有西方园林史的内容，但缺少亲身体验的机会，因而对西方园林传授相对要弱些。伴随改革开放，我们公派了骨干师资到欧洲攻读博士学位。王向荣教授在德国荣获博士学位，回国工作后带动更多的青年教师留学、进修和考察，这样学科的广度在中西的经纬方面有了很大发展。硕士生增加了欧洲园林的教学实习。西方哲学、建筑学、观赏园艺学、美学和管理学都不同程度地纳入博士毕业论文中。水源的源头多了，水流自然就宽广绵长了。充分发挥中国传统文化包容的特色，化西为中，以中为体，以外为用。中西园林各有千秋。对于学科的认识西比中更广一些，西方园林除一方风水的自然因素外，是由城市规划学发展而来的风景园林学。中国则相对有独立发展的体系，基于导师引进西方园林的推动和影响，博士论文的内容从研究传统名园名景扩展到城规所属城市基础设施的内容，拉近了学科与现代社会生活的距离。诸如《城市规划区绿地系统规划》、《基于绿色基础理论的村镇绿地系统规划研究》、《盐水湿地"生物—生态"景观修复设计》、《基于自然进程的城市水空间整治研究》、《留存乡愁——风景园林的场所策略》、《建筑遗产的环境设计研究》、《现代城市景观基础建设理论与实践》、《从风景园到园林城市》、《乡村景观在风景园林规划与设计中的意义》、《城市公园绿地用水的可持续发展设计理论与方法》、《城市边缘区绿地空间的景观生态规划设计》、《森林资源评估在中国传统木结构建筑修复中的应用》等。从广度言,显然从园林扩展到园林城市乃至大地景物。唯一不足是论题文字烦琐,没有言简意赅地表达。

学问广是深的基础,但广不直接等于深。以上论文的深度表现在历史文献的收集和研究、理出研究内容和方法的逻辑性框架、论述中西历史经验、归纳现时我国的现状成就与不足、提出解决实际问题的策略和途径。鉴于学科是研究空间环境形象的,所以都以图纸和照片印证观点,使人得到从立意构思到通过意匠创造出生动的形象。这是有所创造的,应充分肯定。城市绿地系统规划深入到城市间空白中间层次规划,即从城市发展到城市群去策划绿地。而且城市扩展到村镇绿地系统规划。进一步而言,研究城乡各类型土地资源的利用和改造。含城市水空间、盐水湿地、建筑遗产的环境、城市基础设施用地、乡村景观等。广中有深,深中有广。学到广深时是数十年学科教育的积淀,是几代师生员工共铸的成果。

反映传承和创新中国风景园林传统文化艺术内容的博士论文诸如《景以境出,因借体宜——风景园林规划设计精髓》是吸收、消化后用学生自己的语言总结的传统理论。通过说文解字深探词义、归纳手法、调查研究和投入社会设计实践来探讨这一精髓。《乡村景观在风景园林规划与设计中的意义》从山水画、古园中的乡村景观并结合绍兴水渠滨水绿地等作了中西合璧的研究。《基于自然进程的城市水空间研究》把道法自然落实到自然适应论、自然生态与城市建设、水域自然化,从而得出流域与城市水系结构、水的自然循环和湖泊自然演化诸多的、有所创新的论证。《江南古典园林植物景观地域性特色研究》发挥了从观赏园艺学研究园林设计学的优势。从史出论,别开蹊径,挖掘魏晋建康植物景观格局图、南宋临安皇家园林中之梅堂、元代南村别墅、明清八景文化中与论题相符的内容和"松下焚香、竹间拨阮"、"春涨流江"等文化内容。一些似曾相见又不曾相见的史实。

为本书写序对我是很好的学习。以往我都局限于指导自己的博士生,而这套书现收集的文章是其他导师指导的论文。不了解就没有发言权,评价文章难在掌握分寸,也就是"度"、火候。艺术最难是火候,希望在这方面得到大家的帮助。致力于本书的人已圆满地完成了任务,希望得到广大读者的支持。广无边、深无崖,敬希不吝批评指正,是所至盼。

孟兆祯

2015 年 1 月

前　言

　　逐水而居，亲水近水是人类以及其他生物的天性，水之美是自然环境之美，是生态之美。在过去的二十年中，人口数量的剧增、社会经济的发展导致湿地逐渐污染与消失，与湿地相关联的河流、湖泊等水体环境越来越差，尤其是类似于盐水湿地的特殊湿地类型。

　　湿地生态环境恶化的现象在我国已是屡见不鲜，生态环境用水与生产生活用水严重冲突，尤其在水资源紧缺的情况下，水源匮乏、水质污染导致了河流、湖泊以及湿地的萎缩甚至枯竭，严重威胁到与之相连的生态环境。我国盐水湿地水体质量下降，其生态环境效益、社会经济效益正在逐步削弱。尽管社会各阶层及相关机构也采取了一些环境治理的措施，但随着污染源的增加，湿地纳污消污的容量与能力日益变小，大多数湿地、河流与湖泊仍然呈现淤积严重、水流不畅的现状。水体污染、水质下降、富营养化、水华泛滥等给湿地及周边环境带来严重威胁。生态环境的自我修复是有限度的，如果突破极限，大自然就无法进行自我修复，无法消纳污染与损害。污染物的排放与系统规划的缺失加速了湿地生态环境承载力和容量的不堪重负，指示生态系统健康的指标如 TP（总磷量）、TN（总氮量）、COD（化学需氧量）、BOD（生化需氧量）等甚至超过 IV 类标准。

　　国际生态恢复学会定义"恢复生态学"是研究如何修复由于人类活动引起的原生生态系统生物多样性和动态损害的学科。近二十年以来，美国、日本、德国等众多国家开展了湿地生态修复的研究与实践，积累了丰富的经验。目前，我国湿地污染和生态破坏问题已成为建设生态文明、实现可持续发展的重要制约因素。严峻的形势下，改善河流生态环境、修复污染水体、恢复优美自然环境已成为建设社会主义生态文明的紧迫任务。近年来，北京、上海、天津、深圳等地都不同程度地进行了湿地生态修复的规划与实践，在水质调查评估、生态恢复模型开发、生态工程规划设计等相关技术领域开展了有益的探索和研究。湿地生态修复是一项庞大的系统工程，涉及植物学、动物学、微生物学、生态工程学、管理学等众多学科，目前还有许多学术难点问题亟待解决。作为一个新的学科交叉领域，我国的湿地生态修复理论研究与工程实践才刚刚起步，很多技术方法和工程措施还处于探索阶段。

　　完善与恢复盐水湿地的生态系统功能与结构，促使湿地的自我修复、发展和维护是盐水湿地生态修复的最终目标。尽管"生态营建"的思想渗透着每一个湿地修复与设计的项目，但是在以生态原则为基础而营建的各类湿地中仍然出现众多的生态问题，究其原因在于很多"生态"理论方法不能够真正达到从理论到实际应用的系统性、连续性和转换性。本书的一个主要内容就是进行湿地生态修复的技术实践探索，通过食物链修复、栖息地设计的实践应用，结合施工工艺创新盐水湿地生态工法，迅速打造盐水湿地的生态基础，培育优势微生物、稳定水体中的溶解氧含量，促进从人工生态向自然生态的演替，恢复良性的水生生态系统。

需要指出的是，本书所涉及的"盐水湿地"是指任何一个具有在一年内大部分时间都存在积水或具有饱和特征的盐碱土地，包括盐水湖泊、盐水沼泽、盐水湿草甸、河口等。盐水湿地，无论是自然的还是人为的，都能够为人类提供一系列重要的功能价值。希望本书能够启迪湿地管理者和实践者的思路，使他们在实际工作中既能够掌握当前湿地治理的重点，又能对湿地管理的国际动态和趋势有所了解，以推进可持续湿地系统管理的实践和探索。鉴于编者水平所限，本书难免有不妥之处，恳请读者指正。

目 录

第 1 章

盐水湿地修复与设计的
相关概念与理论基础

1.1　盐水湿地概述

1.1.1　盐水湿地概况

"湿地"最早来源于英文"wetland"的意解[1]。湿地是水生与陆生两个生态系统之间的过渡带[2]。盐水湿地是独一无二的沿海环境，它们形成于河流与海洋交汇的地方。每个盐水湿地的生态系统，无论是河口、泥滩、沼泽或是红树林都有其独特性，盐水湿地是淡水与海洋或是盐水湖的咸水交汇混合的地方。每个盐水湿地都有其特殊的尺寸、性状、温度、盐度等特性，没有任何两个是一样的。盐度是确定盐水湿地种群数量的一个最重要变量之一，因为盐度控制了整个盐水湿地生态系统的理化性质。有淡水注入的盐水湿地，通常有盐层的存在，淡水在上，盐水在下。盐层推动海洋咸水滑入海洋一端，另一端则是面朝淡水河口。

陆生与水生生态系统之间的结构与功能的联系通常由湿地及其外延区域承担[3]。大部分盐水湿地是河流进入海洋的入口，即淡水和咸水混合的区域，其水域盐分浓度变化无常。根据海洋的潮汐周期、潮差与河川的流量变动，淡水和海洋咸水混合的水域范围有所不同，但在地理上的区分并不是非常明确。入海口对于沿海环境具有不可估量的作用，其水域比上游的河流流域容纳了更为丰富的物种。影响入海口生物多样性的因素很多，包括充足的营养供应、良好的水循环等。营养物质源自陆地和海洋两方面，河流带来了溶解的矿物质和有机物；海水则含有丰富的矿物质，其中包括大量的盐。湿地在自然界中的地位非常重要，具有调节河湖、补给地下水、蓄洪排涝和维持水平衡的作用，是自然界中的天然"海绵"[4]。

良好的水循环保证入海口盐水湿地的淡水与海水能够较好的混合，其混合方式是多样的。潮汐带来矿物质和有机物并促进其循环，使得生态系统中各部分生物都能充分得到供给，同时潮汐也搅拌着产生于动物和微生物的富含氮、磷的废料；风能够混合水体上层的营养物质；通过入海口的水流与水底的摩擦而出现底层水流，使得营养物质一直悬浮在水体上层。入海口生态系统的生产力主要取决于盐水湿地的植物，根据纬度的变化，耐盐碱的植物可以在盐水湿地茂盛生长。植物的叶片、根、茎落到河床之上，细菌和真菌以此为食。腐烂和活着的植物构成了巨大食物网的基础并支撑复杂的生态系统。

大多数生物能够适应淡水或是盐水，而不是能够同时适应两种。只有极少数物种可以适应不同程度的盐水。所有的河口盐水湿地都是高生产的生态系统，因为这里可以首先吸收来自于陆地的被冲刷下来的营养物质，也可以通过流通模式吸收来自于海洋的养分。另外，河口盐水湿地能够支持很多固氮菌把大气中的氮转换为生物可以使用的物质，而在其他生态系统中，由于氮通常是限制性因素，可吸收利用的氮元素较低，因此会使得有机体的生长和发展受到限制。河口盐水湿地食物链中的生产者包括水层和沉淀物中的藻类和原生生物，光合作用能够提供大量的营养支持。

河口盐水湿地生态系统的能量转移与森林生态系统和草地生态系统不同，其大部分生产者即植物，不是通过被动物捕食而消耗，而是在死亡的时候进入食物链，被分解者消化从而为更多的生物提供能量。河口盐水湿地上的滤食性生物比其他海洋系统和淡水系统多，原因在于绿色原生生物种群和群落的数量庞大。河口盐水湿地的水层中有很多单细胞和原生生物，浮游动物不能把它们全部消耗殆尽，所以这些生物落到河底被滤食性动物如牡蛎、蛤蜊等所食用。

鼓励保护盐水湿地和其相关的野生动植物，对盐水湿地生态环境进行管理、修复是很重要的，对其重要性和机会总结如下：

（1）保护消失的湿地。根据权威机构的统计，中国的湿地（不包括江河、池塘等）资源较为丰富，其面积约为6594万hm²，是世界上湿地类型齐全、数量丰富的国家之一。但随着经济的发展，污染日益严重，据数据显示，到20世纪中期已有接近一半的滨海滩涂消亡。其中围垦造田及农业灌溉是导致这些损失的最重要的因素。城市的扩张、房地产的开发及废水污水的排放也是造成湿地迅速消失的重要因素。控制环境恶化与湿地消失的唯一方法是保护现有湿地、修复损坏湿地、恢复消失湿地、设计新湿地。

（2）增强对野生动物和湿地环境的关注。伴随着媒体视角越来越关注自然保育及其生存环境，人们越来越注意潜在的人与环境、人与生活在自然中的其他生物在生活方式上的冲突。令人欣慰的是人们对待自然的态度逐渐严肃认真，并且能为自身的行为承担责任。人们不仅限于争取把他们对环境的冲击减到最小值，也对其环境改进作出了积极的贡献。

（3）促进加强环境立法。湿地对于人类、对于环境、对于生态的重要性越来越被人们所重视，为应对日益恶劣的污染，人们不得不制定一系列的环保标准。近年来，在欧洲已经建立起更为广泛的环境标准，其中一些标准就是关于湿地功能的。例如，严格控制排入盐水湿地的污水废水，包括流入盐水湿地的水质控制与湿地自身的污水产生两个方面。在环境法规与准则的控制下，对于新建立的盐水湿地规划与设计在其发展意义及控制措施上呈现出比过去更为环保与生态的表现。这也是鼓励保护盐水湿地及其相关野生动植物的意识逐渐深入人心的表现之一。

（4）改善生存环境。优美健康的环境对于人们生活与工作的重要性不言而喻。因为水的存在，由水带来的无论是心灵上还是感官上的感受都是一种高级的审美与享受。增加湿地景观特征则是实现愉快工作环境的一种方式。保护湿地、修复生态是因为这些措施可以提供人们愉悦与享受的景观，能够提供水源、清洁水质，能够提供野生生物栖息地。野生动物的存在使得整个环境生机盎然、自然蓬勃。

（5）鼓励湿地野生动物保护与湿地修复是经济环保的措施。自然保育的方法不会成为一种经济负担，在土壤与水环境相匹配的情况下创建湿地其成本较低。

（6）具有宣传效益，提升公共关系。现在许多与盐水湿地相关的保护组织与公司开始逐渐意识到他们参与保护与修复湿地所赢得的利益。

1.1.2　盐水湿地景观修复设计与管理

国际生态恢复学会在20世纪90年代即定义生态修复是研究恢复和管理原生生态系统完整性的过程[5]。盐水湿地修复设计需要研究与考虑所有影响湿地水环境与土地环境的行为，对于盐水湿地的修复管理主要包括修复湿地生态环境中动植物之间的动态平衡关系，研究水域和土壤的使用情况和健康标准。本书的研究主要关注盐水湿地水环境的物理结构与设计管理实践，以支持健康平衡的湿地环境研究。

盐水湿地代表着河口或是入海口的结束。盐水湿地是入海口地带中遍布土壤的区域，由此开始环境慢慢从海洋过渡到陆地，此转变大部分是由生长在盐水湿地中的植物所控制的，这些湿地植物的根部固定了土壤，以防止土壤在潮汐中被冲刷进海洋。

一个年轻的盐水湿地最初主要是由草本植物构成。由潮汐带来营养物质，草本植物蓬勃生长，形成丰茂的草地。通过草地的水流被植物阻碍被迫降低流速，悬浮在水体中的物质得以析出。随着时间的推移，沉积物逐渐积聚，沼泽面最终可以摆脱潮汐的影响，大部分沼泽升到潮汐面之上，更多的陆生植物开始在此生长，迅速建立起一个年轻的陆生类型生态系统。随着时间的推移，整个入海口被填满土壤，逐渐与毗邻的陆地连在一起。因此，在修复设计中需要关注物种引进之后远期的遗传和净化问题[6]。

盐水湿地大多紧靠海岸并顺沿河流，因此使得这些区域更接近湿地植物与野生动物繁殖发展的生境，并且这些盐水湿地通常都位于鸟类迁徙的路线之上。一些人为的保护措施使得盐水湿地有机会与条件成为适合植物与野生动物生长与生活的栖息地，例如许多湿地周围设有安全栅栏，虽然收获甚微但仍可以高度控制人类的干扰。

有些湿地野生动物的种群，尤其是鸟类和昆虫，其流动性很大，容易聚居栖息地的新领域。但并不是所有盐水湿地都能为野生动物提供栖息地，主要的制约因素包括污染与噪声的存在，因此，在修复和规划设计一片盐水湿地的时候应该努力避免这些潜在的冲突和不良因素。对于任何一片盐水湿地，在修复、规划与执行设计的工作中应当考虑增加野生动物的栖息地，虽然这些考虑存在不确定性，但是否提供创建栖息地的机会是一种习惯与态度。在现实工作中对于野生动物栖息地的保护确实存在诸多问题，有态度问题，也有技术问题。例如一些拥护与提倡野生动物保护的机构与组织试图在规划盐水湿地的时候保存一小片未被修剪与养护的边缘区的草地，作为鼓励小型哺乳动物和昆虫栖息的环境，这个举措态度很好，但却过分体现盐水湿地外观的展现，存在很多实操性问题。生态系统的生命活力与其内部的生态流程和网状结构相关联[7]。创建与维护栖息地，对盐水湿地的野生动物进行保育，在基于实际调研、生态环保、理论知识、工程技术上是有实现的可能性的，但是栖息地在外观上的变化不能一蹴而就，还是需要进行自然的生态演替，通过逐步的养护与保育来实现。

1.1.3　影响盐水湿地水质的主要因素

在湿地水体中，尤其是封闭不流通的水体，根据调查发现引起水体富营养化的主要原因是存在于水体中的有机物质。水体富营养化的表征是藻类的过度繁殖，从而导致且加剧了水体污染的程度。

微生物对水体的影响主要体现在物理性质方面，这些微生物主要包括原生动物和藻类。微生物在水体中的大量繁殖会引起水体中溶解氧的急剧减少，从而导致水体浑浊、散发异味等污染现象。藻类是影响盐水湿地水质的重要因素之一，其原因是在通常情况下湿地水体中所含的有机物较少，但含有足够的无机养料，这些无机物可供给自养型藻类很好地生长。藻类品种繁多，通常是利用细胞内的叶绿素或是其他辅助色素进行光合作用。藻类中的蓝藻是盐水湿地中常见的品种，蓝藻细胞内除叶绿素之外还存在较多的蓝藻素，因此蓝藻通常是蓝绿色、黄褐色或是红色，蓝藻的颜色和种群密度影响着湿地水体的颜色，如果蓝藻生长茂盛可导致水体呈现蓝色或是其他颜色，并发出腥味或是霉味。

城市的生活污水、工业废水、生活和建筑垃圾的渗透液以及雨水等是盐水湿地中污染物的主要来源，其中含有大量的有机物质以及氮、磷等植物所需的营养物质。这些污染源进入湿地水域中会引起水质恶化，加速水体的富营养化过程，破坏湿地生态环境。

1.1.4　食物链修复与栖息地创建的困难与机会

许多湿地的保护者与环境保护组织对修复食物链和创建野生动物栖息环境存在不同程度的担心与疑虑。通常情况下，保护湿地的主旨与重点是维护现有栖息地，对于新修复与规划设计的湿地来说创建栖息地存在许多困难。栖息地对于植物、野生动物与环境的保护非常重要，但是对于栖息地的创建，许多建设者、相关组织与公司仅仅是停留在态度与概念之上，也有一些环保组织认为创建栖息地的概念也有可能被一些公司或是组织用来作为土地开发的借口，而实际是破坏了环境，使得野生动物的栖息地更加贫瘠。近几年来，修复食物链与创建栖息地的生态理论和实际工程经验逐渐被付诸实践并取得收益和成功，但必须认识到，创建栖息地，使其适合植物和野生动物生长与生存仍然困难重重，需要坚实的调查与研究作为理论和指导，这些都不是一朝一夕的工作。

在规划设计或是修复功能受损的盐水湿地，创建新的动植物栖息地的时候，设计师、工程师与开发者应该重视如下几方面：（1）修复或是新建的栖息地对野生动植物应比原有环境具有更高的价值；（2）栖息地的创建应该遵循现地条件，在充分调研的基础上进行，每片栖息地都有其特殊影响因素而不能复制；（3）对于具备复杂食物网的栖息地应该在广泛时间范围上实现野生动物的价值；（4）不同类型的生境提供了不同的自然保育条件，创建栖息地最重要也是最困难的则是规划设计与修复栖息地的多样性。

本小节提出的这些在盐水湿地中创建栖息地所存在的一些潜在问题对指导盐水湿地的研究和提出栖息地的创建方法是非常重要的。

1.2　盐水湿地的物理、化学、生物特性

1.2.1　盐水湿地的成因

盐水湿地通常沿着河流分布于入海口,形成在河流与海洋交汇的地方。盐水湿地随入海口的形成而形成。从地质学观点看,入海口地貌出现在地球上的时间并不长,许多现存的入海口是在上个冰川世纪之后形成的。在冰河时代,大部分海洋中的水以冰的形式存在,冰的形成有效地将水从海洋中转移出来,使得海平面下降。而由于海平面的下降,海岸线不断延伸,逐渐打破了其旧有的边界。大约一万八千年以前,当地球温度开始上升时,冰河世纪终结,上升的温度使陆地冰川融化,海平面上升,在此期间海平面上涨导致了四种基本的河口形态,如图1-1所示,即平原入海口、海湾、直线入海口以及构造入海口。

入海口的环境时刻都在发生着变化,这些变化一些是入海口中水的体积变化;一些是水的物理和化学性质相关的变化,包括盐度、温度、氧的溶解程度、营养物质可利用性等。在入海口生态系统中,盐度(即矿物质或盐在水中的溶解量)是一种决定性的化学要素。入海口的水相比其他水环境中的水其盐度变化更大,入海口水体中的盐度在每天每个不同地点都可能是不同的。潮汐每天一次或两次带来含盐高的海水,海水的平均盐度是35‰。

入海口水体中的含氧量一般较高,其含氧量会随着温度和地点的不同而变化。氧气是生物新陈代谢所必需的,所以氧的含量十分重要。随着水温的上升,水体中保存氧气的能力下降,因

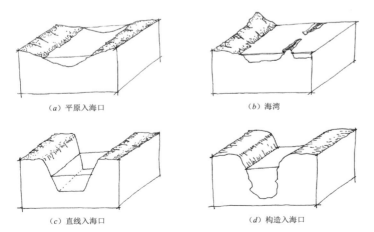

(a) 平原入海口　　　　　　　　(b) 海湾

(c) 直线入海口　　　　　　　　(d) 构造入海口

图 1-1　四种基本河口形态

此，气温高的水体其含氧量小于气温低的水体；随着水体含盐量的上升，水体保存氧气的能力下降，所以靠近海洋的水体比靠近陆地河流的水体含氧量低。

试验证明，在淡水和盐水混合较好的入海口表层水体中，溶解的氧气可能高达9mg/L。在这样的含氧量下，生物是有足够的氧气供给呼吸的。有些因素能够导致溶解氧量迅速降低，如迅速生长的藻类会形成密集的群体，短时间内消耗水体中几乎所有的氧气。另外，扩张生长的藻类会使得藻类自身的部分细胞见不到阳光而死亡，随着藻类自身细胞的死亡，这些遗骸沉入到入海口底部凝结成块并且表面滋生细菌，细菌由于食物充足会迅速生长，过度的细菌活动会消耗掉水表面下的所有氧气。当水中的溶解氧含量降至4mg/L以下时，鱼类开始死亡。

入海口是一个动态的水系统，在该系统中物理、化学、生物的运动在不断进行着。影响入海口状态的因素有两个，即河流流入其中的淡水和海洋流入其中的盐水。这两个因素影响着整个入海口的盐度，而盐度是影响生物生存环境的要素之一。

河水被认为是"淡水"是因为其含盐度极低，几乎是零。因此，河口的盐度相对就会很低，而靠近海洋的水体其盐度就相对很高。当淡水和盐水在河流或是海洋中的某个地方汇合时，它们不是简单地一起扩散，而是形成"密度高的盐水在下部、密度低的淡水在上流层"的状态，这种状态是不需要任何外力干涉的。但是在有潮汐流的入海口，淡水与盐水的完全混合就有条件存在。一次强力的潮汐流可以将上部的淡水与下部的盐水混合搅拌，但其混合搅拌的程度是据潮汐流的强弱而定的。基于入海口经受潮汐流混合的程度，淡水、盐水的混合被分为四类：盐挤入类、混合均匀类、部分混合类及相反类（图1-2）。

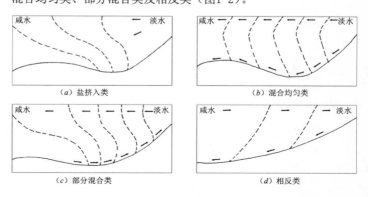

（a）盐挤入类　　　　　　　　　　（b）混合均匀类

（c）部分混合类　　　　　　　　　（d）相反类

图1-2 淡、盐水混合的四种类型示意图

1.2.2　盐水湿地的关联特征

海洋、河流、湿地、湖泊、水库等各种类型的水资源都有着共性和相似特征。在盐水湿地的形成与发展过程中，与其他类型湿地、地下水、冲积平原、驳岸和动植物栖息地有着不可分割的联系。一些生态学家着手从流域层次开展生态学的相关研究[8]，也有学者提出了流域生态学（watershed ecology）的理论[9]。湿地生态系统内部，湿地与其他生态系统之间都存在着相互作用的网络，网络中的任何变化都会影响到整体系统的运作[10]。

盐水湿地的过渡属性提供着各种有益于环境与生态的功能，在调配与净化水质水量的同时也是动植物休养生息的自然家园，在满足生态功能的基础上还具备较高的自然美学价值。

地下水是存贮在地表蓄水层中的水资源，通常蕴含在渗透能力强且多空隙的碎石砂砾层和沉积岩中，是重要的淡水来源。降水与地表径流渗透到地下形成地下水的补给，在河床与浅层蓄水层交错时，浅层地下水会流入河道而成为地表水。

冲积平原的形成原因是洪水的冲刷和泥沙的大量堆积，为自然界中的水流提供着缓冲区域。冲积平原的存在能够降低水的流速，提供各种野生动植物的栖息地，补给地下水，提供休闲娱乐、美学与科研的价值。

栖息地是指生物圈内生物实际居住的场所。在盐水湿地生态环境中，水域的物理、化学及生物性质是影响鱼类等湿地动物栖息地环境质量的重要因素。栖息地的生态质量是检测整个湿地环境作为动植物多样性繁衍能力的重要指标。

驳岸（图1-3）是水域与陆地接壤的区域，由于普遍呈现狭长状态也被经常称之为生态廊道。驳岸通常属于冲积平原范畴，生

图 1-3　驳岸示意图

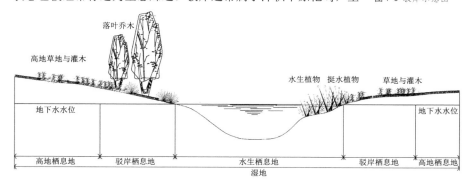

态系统较为复杂，生物呈现多样化。驳岸作为水体与两侧陆地树木林带之间的缓冲区，其宽度边界根据研究目的而划定。介于水域和其他土地利用形式之间的驳岸最好的功能是作为覆盖植被的缓冲区。驳岸区域是水生栖息地和陆生栖息地的过渡区，其环境直接影响到鱼类和其他野生动植物的生存，管理和恢复驳岸使其植被覆盖，将为保持湿地与水域环境、提高水质带来益处。

与盐水湿地周边相关联土地的使用直接影响到盐水湿地的生态环境与栖息地的健康。人类的活动与行为影响和改变着土地的使用及其包含的生态环境。因此在修复、设计和管理盐水湿地的时候应该寻找湿地水域、野生动植物、水质、水量与土地用途之间的平衡。

（1）高峰流量特征

高峰流量是指径流在降雨时流入湿地并在下渗前达到的高峰值。高峰流量根据土地使用类型的不同存在很大差异，从植被覆盖的自然型区域到城市用地，径流的流量、流速和高峰值都会有大幅度的增加，从而达到高峰值的速度也会加速。导致高峰值差异的原因主要是地表的材料特性，用地中的不透水或是不易透水区域（如铺装、水渠等）以及排水形式都会影响到水流的渗透、蒸发和储存。

（2）水质

随着土地使用性质的变化和开发程度的加剧，自然流域中的物质能量循环系统受到损害。人类的生活和建设活动将大量有毒污染物和废弃垃圾等输入到大自然中，并超过大自然的容纳能力而不能自然消纳。土壤暴露并逐渐被沙化，泥沙与污染物随着降雨被冲刷至水域中，严重地影响水质。

（3）水环境的舒适度

湿地及其驳岸作为生态走廊的高价值体现在被植物所覆盖。没有植被覆盖的裸露驳岸容易受到洪水的侵蚀与冲刷，被冲刷下来的泥土和沉淀物淤积于河床，导致河床的逐渐抬高，从而引起水文的变化，水中的有机物和沉淀物增加，藻类生长加速，水中溶解氧下降，由此打乱了水域的自然生态平衡，影响盐水湿地中的物种生存，导致生态平衡的不稳定。这些都将增加盐水湿地的不健康和不舒适度，影响水域的美观、舒适和价值。

1.2.3 盐水湿地的物理特征

盐水湿地是自然界水循环系统的重要组成部分，其构成和循环与其他自然水系统是相似的，包括：从大气到土地表面的各种形式的降水；渗入、渗出地下补充地下水的水源；流经地表的径流；来自水、土壤和植物表面的水蒸气；通过植物从根部输送到叶面进而进入大气的水雾等。从地表进入大气而又从大气转化为地表水的循环系统称之为水循环系统（图1-4）。水以蒸发的方式从湖泊、江河、海洋以及植物表面散发进大气中成为水汽，再经过输送、凝结、降水回到地表成为径流，此过程是一个巨大而统一的连续动态系统。通过水的各种状态变化，实现水的存储、运输的动态循环流动[11]。对于水循环系统的研究主要是针对其循环过程以及与生态系统中的各种生物之间的相互作用等方面。

　　湿地是动态的生态系统，具有很多生态功能。各生态系统之间的相互作用和相互依存关系也是动态的，这种动态随时间的变化而不断变化，是生态系统发展的动因之一[12]。冲积平原和湿地担负着输送水流和沉淀物、储蓄洪水、补给地下水、净化水质、提供动植物生存的多样性栖息地等作用。土地使用性质的改变以及人类活动的干扰影响到湿地作为自然界调节器的功能和生态资源的利用，从而阻碍湿地的生态健康。流入盐水湿地的沉淀物总量应与排放和运输的沉淀物总量保持长期平衡，湿地系统中的物质输入输出与能量的循环过程应保持动态平衡，由此才能够保证生态的健康与可持续性。湿地中的雨洪能够冲刷和去除多余的沉积物，但是极端的雨洪会引起湿地的分裂与生态的混乱。在自然系统中，物质和能量的流动是一个头尾相接的闭合循环系统[13]，因此在通常情况下，混乱的湿地生态系统能够在动态的生态平衡中逐渐自然修复并恢复到之前的水平。

　　盐水湿地中野生动植物的生存环境受到湿地的物理、化学与生态环境特点的影响。湿地的边界是动态发展的，其与水文和气

图 1-4　水循环系统示意图

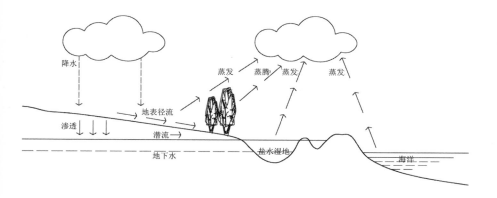

候的变化息息相关[14]。在研究盐水湿地野生动植物栖息地及修复食物链的设计中，应从河床地形地貌、水文、水流量平衡等盐水湿地的物理环境开始，运用这些环境参数指导湿地生态环境的修复设计。

1. 水位及流速、流量

不同性质的湿地直接影响着其中水流的运动。一片独立的湿地（即没有直流水注入）其水位将依赖于降雨。在一片非常广阔的地区内，地下水水位容易受到地质形态的影响，包括地质形态变化、土壤孔隙度以及水力坡度等因素影响，地下水水位通常是不在一个水平面上的。

大多数湿地的水位会随着季节的变化而变化，在雨季时水位较高，其他时间水位处于低位。地下水的水位情况影响着湿地中营养物质的转化效果和有效程度，其稳定性也是湿地生态系统稳定与平衡的重要指标[15]。许多生物会受到水位的影响，同时也可以利用水位来操控生物生长，例如，通过淹没植物来控制种群的健康。对于水位的波动，不同的湿地植物在各自的生长周期都有不同的反应，在调查中常见的芦苇对于水位的波动反应较为明显，大多数蜻蜓则受益于相对稳定的水位以及水下被淹没的植物种群。水位控制是管理湿地或是特定物种的一种有效方式，但是在实际应用中须综合环境谨慎使用，从而能使目标物种受益。控制湿地水位可以暴露湿地河床上的沉积物，当有机沉积物接触空气时会发生矿化作用，重新灌溉时这些矿化之后的沉积物则会集中释放出水生植物生长所需的养分，从而导致湿地中生产者数量的激增。通过控制湿地水位可以用来管理湿地植物的生长，例如控制入侵性的陆生植物的最简单方法是操控水位来淹没植物，很多陆生植物会因为冬季的长期高水位淹没而死亡。水位的波动对于鸟类的食物资源会产生影响，鸟类的食物主要来源于低水位时暴露在海岸线上的脊椎动物，水位的控制可以影响到食物的丰富程度。通过湿地水位控制可以控制鱼类的种群，鱼类在湿地中通常对湿地植物和其他动物种群有着显著的影响，在支持和保证其他生物种群在水体中的生存环境时，利用水位来控制鱼类的种群数量和繁衍程度是很有效的手段。

盐水湿地中水的流速和流量包含着能量消耗，这个能量是由于水流的重力作用而产生的动能。湿地中的水流流速直接影响水中生物的觅食与繁衍，流速太高不利于繁衍，流速太低则会减少水中的溶解氧并影响集温效果。流量变化的原因包括河床的阻

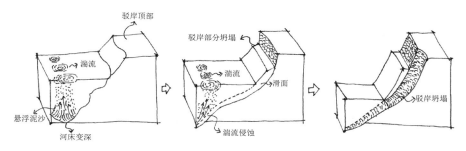

（a）水位抬升，湍流引起河床变深阶段   （b）驳岸与河床被侵蚀与挪移阶段   （c）驳岸成片坍塌阶段，水位恢复正常

图1-5 湿地湍流引起驳岸侵蚀坍塌的过程

碍、河道的弯曲以及驳岸的粗糙程度。形成不同形式的大规模湍流是很重要的，因为湍流与湿地中沉积物的运输过程相关联。所有形式的湍流都是由边界的粗糙、弯曲、池与带的交替引起的。湍流的强度在湿地的不同阶段都是变化的，在每一个斜坡的高点都是湍流能量最大的阶段。

翻滚式的湍流形式是引起驳岸侵蚀倒塌的重要因素。翻滚式湍流的形成是水流突然遇到河床上不规则分布的障碍物，从而引起水流垂直涌向湿地水域表面。临近湿地驳岸的河床会因为湍流而被侵蚀和挪移，从而引起湿地河床变深、驳岸变高。这种现象会逐渐让驳岸变得不稳定甚至导致坍塌（图1-5）。快速流动的水流与湿地驳岸的摩擦会引起垂直驳岸成片的突然的坍塌和削落，砍伐湿地驳岸两侧的树木也会引起同样的后果。

水利工程的建设常导致溪流及湿地的流量降低，甚至部分干涸。因此，保证流域内的流量成为保障水生生物生存、避免枯水期流域水质恶化的重要途径（表1-1）。在修复和设计鱼类生存

评估流量与栖息地质量的关系		表1-1
基于流量的栖息地质量	生态基流量占年均流量百分比（%）	
	枯水期	丰水期
恶劣的（severe degradation）	<10	<10
不足的（poor or minimum）	10	10
尚可的（fair or degrading）	10	30
良好的（good）	20	40
优良的（excellent）	30	50
特优的（outstanding）	40	60
最适的范围（optimum range）	60～100	60～100

栖息地时，应基于生态学者对于特定流域内水流流量与鱼类栖息地、水文与栖息地基本质量等关系的研究，做出有效建议。例如，美国从1940年开始研究河流生态用水，提出生物流量的概念，其研究内容主要是关于鱼类繁殖与水域流量之间的关联。Gleick提出了"基本生态需水量"的概念[16]。徐志侠等指出"河流生态基流量"是指用以维持或恢复河流生态系统基本结构与功能所需的最小流量[17]。其内涵包括恢复生物栖息地的基本流量、保证水文水质动态平衡的基本流量等。

2. 深度及地形

在干旱期间，湿地的水流主要是地下水通过泉眼等出水口进行补给。这些在旱季仍然存在的水流通常被称为基本水流，能够显示地下水的化学特性。在湿地中流经卵石河床的水流都或多或少有基础水流的支持与补给作用。基础水流形成于冰河时代的冰川沉积层，冰川沉积层由含水量很高的砂石、卵石组成，这些基础水流则是从冰川沉积层中的砂石和卵石颗粒的缝隙中流出的。自然基础水流调控着湿地水流，影响和改变自然基础水流的因素很多，包括与湿地相关联的河流、湿地水生植物、野生动物栖息地等等。根据地下水含水层的不同，为湿地水流补给的地下水总量始终变化着。当湿地水位低于地下水含水层的水位时，同时含水层又有坡度存在，地下水就会流向湿地；如果地下水含水层水位低于湿地水位时，水流则会从湿地渗出流向含水层。在洪水期间渗透进湿地驳岸的水将会在驳岸中存储并在高峰流量减退时很快转化为湿地水流。

冲积平原和湿地都是地下水资源储存丰富的区域，这些储量丰富的地下水可以在干旱时期有效补给湿地水流。基本水流的补给对于各种水生生物是很有益处的，补给水流可以在一定程度上控制水质问题，包括干旱时期经常出现的集中污染和富营养化。有着良好补给水流的湿地，即使在干旱时期仍可以透过河床层空隙向外渗透的水流，为湿地动植物提供栖息地。因此，对于许多通常依赖河床生存和干旱时期潜入河床下面生存的水生动物，基础水流是很重要的。

湿地的水深、边坡倾斜角与湿地的栖息地性质有很大关系，通常情况下，一个水浅且边坡平缓的湿地可以比水深且边坡倾斜角较大的湿地更能容纳和栖息较多的野生动物。

水的深度通常在一定程度上可以决定水生植物的种类与生长，例如常见的芦苇和香蒲很少能生长在水深大于1.5m的地方。

一些水生植物终生生长在水下，但其植株的生长很大程度上取决于水的深度以及水的清澈程度。理论研究显示，光线可以穿透深度为200m的纯净水，但在实际操作中，在水深大于5m处就不容易有水生植物生存了。但是如果水体太浑浊即便是很浅的水体也不容易生长植物，因此为使得水生植物不因窒息而死，深水区域需要更好地保证水质与光线的穿透度。

水的深度会影响水的温度。浅水容易受到大气温度的影响，春季温度迅速升高，湿地中的动物通常开始了早期活动，例如青蛙的产卵；相反，寒冷的冬季，浅水容易冻结从而使得其中鱼类的生存环境非常严酷。与浅水相比，夏季，深水水体依据深度的不同其水温是分层逐渐升温的，由于波浪等作用会有助于水体内部循环促进水体的均温；冬季，深水的冻结缓慢且冷水趋于水位下层（冻结之前）。水的温度会影响许多水生生物的生长，包括藻类和鱼类等，这些物种都趋向于温度更高的水体。在长而浅的盐水湿地中，不同区域的植被反映其所处环境的水深，例如能够大面积生长的水生植物香蒲通常是沿着海岸最平坦的地方生长。

湿地河床的地形很大程度上影响着潜在的海浪侵蚀。平缓的湿地河床不易受到波浪的影响而造成侵蚀，因此也为生活在其中的水生无脊椎动物提供了一个相对稳定的环境。对于湿地驳岸坡度的调查与研究是进行湿地修复的基础条件，基于对现场特定环境的研究可以根据栖息地的不同特性设计出分层湿地，例如对于芦苇地和滩涂等具有平缓驳岸的栖息地可以设计出浅梯度的驳岸特征（图1-6）。

3. 沉积物及侵蚀

水流的速度影响着湿地的生态平衡，也反映了湿地的降雨状况。快速的水流能够减少河床的沉积物和漂浮在水中的碎屑，

图 1-6 考虑到侵蚀影响所设计的湿地地形

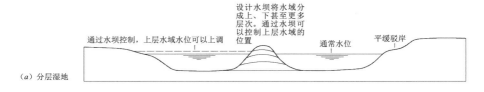

（a）分层湿地

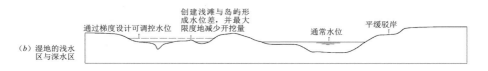

（b）湿地的浅水区与深水区

并能抑制许多悬浮有机体的生长。与快速流动的河流不同，湿地的沉积物是因为湿地水流的缓慢以及驳岸下滑或是坍塌产生的，这些滑落到水中的石块与泥沙连同附着其上的有机物质一同构成了湿地中的固体沉淀物。淤泥沉积物通常发生在水流流速小于0.2m/s的情况下，由藻类引起的富营养化通常是因为水流停止，水体存续时间超过3天。

　　沉淀物影响湿地水质的一个重要因素在于沉淀物中的可溶解矿物质或是悬浮物质，这些物质在沉淀物中占有较大的比例，是影响湿地稳定性的主要原因之一。

　　沉积物是小块或小颗粒的固体物质，通常来自岩石的风化和有机物的分解，通过水或是风被搬运。构成沉积物的物质可能是有生命的有机物，也可能是无生命的无机物，这些物质经常出现在盐水湿地、滩涂等沉积入海口的底部。沉积物的密度大于水的密度，水不流动时沉积物不能保持悬浮状态，在水流动的时候沉积物是可以悬浮或是随水流流动的。流动的水流所形成的漩涡和湍流能够使水体中的泥沙颗粒保持悬浮状态，越是湍急的水流越是可以容纳更多的沉积物，并且水体的颜色也就越深。当河流进入入海口的时候，水流速度开始减缓，水体中的微粒逐渐沉淀于河口的河床上，来自于相对方向的潮汐中也携带着大量的沉积物，这些沉积物也同时随着潮汐水流速度的减缓而逐渐沉淀。因此，在入海口的位置随着河水水流和潮汐流将会有大量的沉积物沉降。但如果入海的河流流速足够猛烈，河流的水流将会携带着这些沉积物直接顺着入海口被带进海洋。

　　水体中的土壤悬浮颗粒根据尺寸大小可以分为三种，即沙子、淤泥和黏土。土壤悬浮颗粒的大小取决于潮汐的强度与河流流速。沙子是颗粒最大最粗糙的，因此在沉淀过程中也是最先沉淀下来的。由于沙粒的形状不规则，因此沙粒不能粘合在一起，沙粒之间就形成了很多允许氧气分子和水分子自由流动的空隙，沙粒之间富含氧气，但不能保水。

　　淤泥是由小颗粒的土壤和平滑的沙子混合组成的。因为小颗粒土壤的存在，淤泥可以相对紧密地结合，比沙子含有更多的有机物质。淤泥多沉积在滩涂、沼泽等容易积水、排水不畅的地方。淤泥中的土壤颗粒能够有效地保留水分，从而使氧气不能在土壤颗粒之间流通，形成厌氧环境。这种厌氧环境提供给厌氧土壤生物群完全不同于有氧的环境，这些厌氧微生物通常是河底及驳岸产生腐烂气味的原因。

　　黏土是颗粒尺寸最小的土壤颗粒，黏土颗粒可以很紧密地粘合在一起，其结果是黏土所形成的环境是完全的厌氧环境，而大部分的盐水湿地和滩涂是由沉淀得很厚的黏土组成。

　　潮汐的来回运动使得这些沉积物几乎没有离开过入海口的区域，如果没有较大的动能驱动，沉积物将会永远沉淀在入海口。在这些低动能的入海口，洪水是偶尔能够冲洗沉积物的唯一方法。在一些地区，洪水是必不可少的自然活动，由于洪水的存在使得沉淀和淤积很久的沉积物被移出入海口冲刷进海洋。由于矿物质、营养物质、土壤和沉积物在入海口被汇集，因此入海口是物质和营养循环的重要地方。这些营养物质或是存储在土壤中，或是悬浮在水体中，或是被植物吸收，或是被微生物吸收。植物通过其细胞吸收这些营养物质变为养分并利用这些养分生长。当植物死亡的时候，其遗骸被细菌和真菌分解，又形成以氮和磷为主要组成的营养物质。

　　大气中的氮含量是极为丰富的，但是这样的氮是不能被大部分生物所吸收利用的。在动物的排泄物和死去的生物组织中，微生物分解这些复杂化合物并且释放氮，除部分被转化为微生物自身需要的物质外，大部分氮被释放到大自然中；植物利用这些氮供给自身生长；动物则需要通过进食植物补充身体所需的氮，如此循环。在入海口环境中，有一种被称为蓝细菌的微生物，它们能够直接从空气中吸收氮用于循环，除此之外很少有其他类型的有机体能够具备这种功能。

　　湿地所展现的能量与湿地水流的能量成正比，与其中的沉积物能量相关联。湿地水流的动能越大，搬运和转移沉积物的能量也就越大。因此，在洪水期间，由于水流的流速高、流量大，此时也是湿地清理河床沉积物的主要时段。根据湿地的驳岸和水域情况，洪水之后主要的沉积物沉降地点和沉降量是可以判断的（图1-7）。

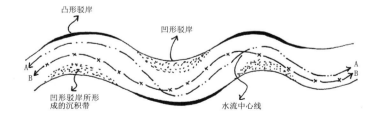

A-A 中低流量
B-B 洪水时段

图 1-7 弯曲湿地水流的主水流中心线变化示意图

对于湿地的稳定性来说，水流的侵蚀力不应被低估。盐水湿地大多处于海岸线上，不断受到海水以及河流的侵蚀，在较大的侵蚀之下，无脊椎动物以及大部分植物是无法生存的。但从另一个角度说，波浪的侵蚀并不完全是不好的，裸露的海岸是由侵蚀造成的，但是可以为不同类型的水鸟提供栖息地。

湿地被侵蚀的程度受到一系列因素影响，其中包括河床的硬度、驳岸的坡度、风的方向、波浪的运动（表1-2）、水的深度、动物的迁徙、水生植被的生长状态、湿地周边的地貌以及水体状况等。其中湿地水流的速度与驳岸的类型在很大程度上决定了湿地被侵蚀的程度。湿地被侵蚀的一个结果是会产生悬浮沉积物，并使水体浑浊，从而影响生存在水位之下并且需要光合作用的水生植物的生长和动物的呼吸。盐水湿地被侵蚀的部分大部分位于风口，风的运动给湿地带来很大的影响，这种影响包括增加了湿地水流中水分的蒸发、影响栖息鸟类的驻留与增加能量消耗、限制飞行昆虫的活动以及降低湿地整体环境的温度等。设计并应用起到屏蔽作用的防护林可以有效降低风运动引起的对湿地的侵蚀。

水体中的波浪对生态的影响　　　　　　　　　　表1-2

消极影响	积极影响
湿地驳岸与海岸的侵蚀；	增加水中的含氧量；
产生悬浮沉积物，导致水生植物的减少；	抑制湿地水面上冰的形成；
悬浮沉积物引起的浑浊干扰生物群落的栖息；	减缓水面被大雪的覆盖；
波浪对驳岸的淹没影响植物生长；	水流的运动为无脊椎动物和鸟类带来食物；
影响浮游植物的生长	形成的开放驳岸与河床的碎石有利于部分无脊椎动物的生存

4. 水文参数与生态保育的量化关系

以流速、流量及水深来分析水文参数与水中生态保育的关系可得知，这些水文参数除交互影响外，也会影响水体温度、水质以及河床基质中的石粒粒径分布。水温、水质、河床石粒粒径是湿地中的生物得以繁衍生存的限制因素。基于目前国际上的科研成果，对于特定保育类生物或大型流域的修复计划已逐渐建立量化关系，例如对于中国台湾大甲溪流域七家湾溪樱花钩吻鲑栖息地的保育、美国佛罗里达州埃佛格雷生态系统（florida everglades ecosystem）奇色米河（Kissimmee River）的复育工作等。基于大量且长期的调查建立生态指标（ecological criteria），本书借鉴中国台湾七家湾溪樱花钩吻鲑栖息地的保育案例的水文指标，说明水文参数对于湿地生态修复与设计工作是具有指导意义的，虽然这些水文参数有其唯一性或独特性，但仍可作为其他湿地生态修复与设计工作的参考。

湿地中水文的流动情况是影响湿地初级生产力的重要因素[18]。对于中国台湾七家湾溪樱花钩吻鲑生存的水文条件调查显示，若以水深、流速、河床石粒粒径及溪流内遮蔽物的有无来分析樱花钩吻鲑的栖息地可发现，随着水温的变化其个体成长及行为模式在每个微栖地都有所差异（表1-3）。

不同生命阶段樱花钩吻鲑的生存环境表 表1-3

生命阶段	栖息地形态				
	时间	栖息地水温（℃）	流况	底质	水深（cm）
卵	10～11月	10～12	0.15（m/s）	0.2～6.4（cm）	5～52
仔鲑	11月下旬	7～15	岸边缓流	—	—
稚鱼	12～2月	5～14	岸边静水区	—	8～25
幼鱼	3～4月	8～16	缓流区	砾石及卵石	30
亚成鲑	5～9月	9～16	栖息地多样性	—	—
成鲑	10月	10～16	栖息地多样性	—	—

研究成果表明，樱花钩吻鲑随体型的长短其繁殖所需的栖息水深有所不同，体长5cm以下的仔鱼大多集中于水深0.2～0.68m处，体长5～10cm的幼龄鱼多集中于水深0.22～1.01m处，体长大于18cm的成鱼则集中在0.25～1.05m的水域，仔鱼多集中在流速0.08m/s的缓慢流速水域，而幼龄鱼则集中在流速0.12～0.90m/s的水域中，成鱼多集中于流速0.19～1.00m/s的水域中。栖息地的水质除不含有机肥料外需考虑其溶氧量，一般在七家湾溪水中溶氧度达80%，甚至达到饱和，因此对樱花钩吻鲑而言水体含氧量不至于成为影响生存的因素。

1.2.4 盐水湿地的化学特征

1. 酸性、碱性和pH值

术语"酸性"与"碱性"通常用来表达相对浓度的氢离子（H^+）

和带负电的离子（特别是氢氧根离子OH⁻）的浓度。pH值是一个测量氢离子活动及对应酸、碱度的数值。土壤pH值、有机质含量、有效氮含量之间具有一定程度的相关关系[19]。盐水湿地中自然水的pH值有着巨大变化，在很大程度上反映了水体的化学性质。雨水通常是呈酸性的，降雨程度影响着湿地的pH值，同时湿地中的生物活性也能影响其pH值，例如细菌的无氧呼吸会导致酸的形成。大多数生物能够容忍的pH值范围很有限，大多数水生植物和动物能在较为中性的水域中生存，其pH值在6～8之间，仅有相对较少的植物可以应对较高的酸性或碱性。

呈酸性的水体通常会结合一些矿物质并且限制许多生命形态。水域中的酸度会直接影响酶的活性，pH值达到3.5以下酶的活性极大受抑制，从而抑制大多数植物和微生物的生存，并阻止正常的新陈代谢。水生生物生存的水域pH值通常不应小于4.2。在酸性水域环境中（pH值5.5），磷酸盐成为最主要的植物养分，但磷酸盐通常不溶于水，因此大多数情况下无法被植物直接吸收。酸性的水体中也存在许多其他盐类和有毒金属，如铝，这些有毒金属会使无脊椎动物和水生植物中毒。同时，酸度也会影响到土壤的结构，典型影响是酸性条件下黏土颗粒会聚集板结，有时会导致极端的不渗透性。对于某些动物，酸性带来的是腐蚀，在酸性水域中大多数蜗牛无法制造和维护它们的外壳。在酸性水域的环境中，摇蚊通常是种群最丰富的动物物种，原因在于缺乏竞争和掠夺，能够适应酸性环境的植物物种是苔藓。

高碱水（pH值10～14）很少出现，产生的原因大部分是由于城市废弃物引起的。高碱水域所面临的问题与酸性水域类似，即干扰酶的活性。在pH值高于7.5时溶解性的磷酸盐无法形成（尤其是钙和镁的磷酸盐）。

2. 氧气与养分

多数生命体都依赖于有氧呼吸，溶解到水中的氧气供给水下生物的呼吸。某些生物可以在少氧状态中生存，如生活在淤泥中的蠕虫；但大部分动物喜欢水面有足够稳定的气体交换和循环的环境，如鲑鱼会因为河流上游充足的溶解氧而快速逆流而上（即洄游）。水面平静的水体中气体交换是非常有限的，在晚上不能进行光合作用的时候，没有植物生长的水域处于缺氧状态，在白天氧气则会逐渐溶解进入水体。

影响湿地中营养物质含量的主要因素之一是植物生长中氮与

磷的排放。通常称含有养分的水域为"富"，反之称为"寡"，它们的特点见表1-4。大多数湿地都是富营养的，并且大多数富营养的湿地对野生动物都是有价值的，富营养湿地可以为水鸟提供多样化的栖息地，而寡营养湿地可以支持不同的水生植物以及无脊椎动物。藻类植物与其他水生植物通常需要从周围的水中获得生长所需养分，而获取养分的器官主要是植物的根部。磷酸盐由于不溶于水通常是限制性的养分，很难被植物直接利用。高强水平的溶解养分可导致淡水的"富营养化"，这个过程的表象是水体中大量藻类的形成，藻类的迅速生长会导致湿地或是海水变色，结果是形成阻碍光线穿透的浊度水，从而威胁水中生物的生存。如果这种情况持续，生活在水中的鱼类和其他淡水生物都将死于窒息。氮在水中是可以被自由利用的，通常是以可溶解的铵盐或是硝酸盐的形式存在，这些盐容易溶解就容易被流动的水携带渗透到土壤中或是地下水中。蓝绿色的水藻可以产生硝酸盐和磷酸盐，这些藻类的优势在于能够修复大气氮，但在某些情况下则可能发展成为有毒的蓝藻，从而对人类和动物形成健康风险。

富营养湿地和寡营养湿地的一般特点　　　表1-4

	寡营养湿地	富营养湿地
深度	较深	较浅
夏天深水区的氧气（深水层）	存在	较少
水的pH值	6～7	＞7
海藻的多样性	高	低
占支配地位的海藻	绿色海藻	常绿蓝绿藻
海藻的生产能力	低	高
磷总量	＜10	＞20
氮总量	＜200	＞500
植物营养物质	低	高
动物生产能力	低	高
占支配地位的鱼	蛙科和白鲑属	低等鱼

3. 含盐量

盐水湿地都有一定程度的含盐量，盐来自于海洋。与pH值相似，大多数生物对盐的适应程度都有非常具体的容量与范围。水体中含盐是一个普遍的自然现象，很多海洋生物与盐水物种都能适应生活在这种潜在的严酷条件下，但是只有较少的物种如盐水虾等可以应对高矿物度的含盐水。

盐水湿地中的植物生长通常比较缓慢。氯或其他负离子的存在降低了磷酸盐的溶解性，因此会影响植物对于养分的吸收，盐水湿地常见的植物物种包括具有抗盐性的芦苇等。盐水湿地中的植被结构会影响动物的群落。

4. 化学污染物

许多湿地都存在影响野生动物生存的污染物，这些污染物大多来源于城市废水，主要包括各种金属（含汞、铅和镉）、有机化合物、有毒气体如氨、负离子如氰化物和氟化物以及酸和碱等。水体中的重金属浓度在很低的浓度时就可以抑制水生植物根系的生长。存在两种以上的污染物是常见的现象，污染物在水体中相互作用，其影响效果会增加。通常情况下很难确定某种污染物对于水域的单独影响。污染物对湿地水质的影响也因环境的改变而产生变化，在调查中发现pH值的改变是影响水质变化的一个重要因素，而温度的升高、水的硬度等因素不会对水中的有机分子造成影响。根据生物学家的研究，昆虫似乎是最为敏感的动物物种，其次是甲壳类、鱼类和两栖类。鸟类受到污染物的影响主要是因为食用了被污染的猎物。生活在水中的动物会死于直接的污染物影响，尤其是一些重金属污染物。被污染的水域带来的是对生态系统的严重破坏，会导致动植物的新陈代谢功能减低，使得动物、植物机体自身容易受到寒冷天气和疾病的影响，从而影响了生态系统的正常循环。

在修复或是新建盐水湿地时，可以通过生态修复来改善水质从而恢复湿地的各种功能。无脊椎动物种群是能够较快修复的，而高等植物的修复则要缓慢很多，最后是鱼类种群的修复。但是由于目前对于湿地水体中的污染物质之间的相互作用没有全面的了解，所以很难预测化学污染物对于野生动植物的影响到底会有何等程度的风险。水生植物、鱼类以及无脊椎动物都会显著受到水体中化学物质的影响，但是不同的植物群体和动物种群对于水体污染的适应程度则有很大差别。溶解在水中的污染物会产生悬浮物质减少光的射入，并且通过植物根部的吸收会在根部区域发生污染物聚集而提高污染物的浓度，因此也增加了植物的生化需氧量，不利于水中大多数动植物的生存。对于一片盐水湿地，很难简单地判断出盐水湿地中的水体是否适合于野生动植物生存。在一些湿地中，很多湿地水生植物和许多无脊椎动物因为化学污染而无法生存，但是有些鸟类可以生存下来。有些植物会在生长过程中吸收大量的化学污染物，如香蒲会消耗掉许多金属污染物，鸟类通过消化和粪便的排泄也可以消耗掉一些金属化合物，但是有很多复杂的有机物会对鸟类造成慢性影响。受到化学污染的湿地会逐渐降低该区域的生物多样性，这些污染物质会随着生态环境中能量与物质的流动而随之转移，尽管物质的积累是一个缓慢而长久的过程，但是监控是必不可少的。当积累的物质达到环境容量的临界水平时，应将污染的沉积物移走或是采用其他方式修复，从而对生长于其中的野生动植物起到保护作用。

1.2.5　盐水湿地的生物特征

湿地对于野生动植物的重要性不言而喻，从微观的细菌到大型的水鸟，很多物种是终生生活在湿地环境中的。本节的研究重点在于构成食物链的不同生物体之间的相互关系以及决定其生存栖息地的重要因素。

1.　食物网

湿地的各种生物体之间的相互关系可以被描述成包括很多营养级的一个食物网，图1-8为典型的盐水湿地食物网，但实际上很少能够通过一个或几个特征来充分描述和了解一个特定湿地的详细食物网。食物网存在的基本规律是被研究认可的，也常被用来创建一个特定的湿地使其成为野生动植物的栖息地。

生物必须有能量才能够生存。在生态系统中，有机物质中的化学能通过一系列吃与被吃的关系层层传导，这种关系能够将

图 1-8　典型盐水湿地的食物网构成

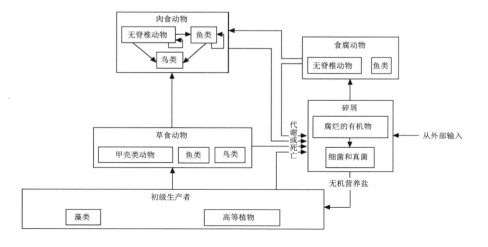

各种生物紧密联系起来，在生态学上被称为食物链。构成生态系统的物种呈现多样化，每个物种都在生态系统中扮演着不同的角色，基于在物质与能量循环中的作用，通常将这些物种分为生产者、消费者和分解者三类。生产者主要是指生态系统中的绿色植物，能够利用无机物质通过光合作用制造养分自营生长，生产者也包括一些自养细菌，如硝化细菌等，也能够将无机物质合成有机物供己生长。消费者通常指那些以其他生物或是有机物为食的动物，也称为异养生物，分为草食、肉食和杂食动物，它们直接或是间接以植物为食。分解者主要是指各种营异养的细菌和真菌，也包括部分营腐食的甲虫、白蚁或是其他原生动物，以及蚯蚓等软体动物。分解者能够把复杂的动植物残体划分和分解成简单的化合物，这些分解产生的无机物被归还至环境中为生产者再利用。分解者在生态系统的能量流动和物质循环中具有重要作用，研究资料表明，约有90%的陆生初级能量都需经过分解者的分解作用归还回生态系统中，再经过物质输送被绿色植物吸收利用进行光合作用。生态系统中的食物链相互关联、相互交织共同组成食物网，各种营养物质与能量在食物网中流动与输送。在修复或是创建一个湿地食物网时，除经常被关注的动植物之外，作为湿地重要组成部分的沉积物与食物网中存在的竞争关系也是不容忽视的。

沉积物以及碎屑存在于食物链的底层并被许多生物体所利用。碎屑主要来源于两个途径，即腐烂的绿色植物和其他有机体或者是通过水和空气所带来的腐烂物质。原生动物通过对微生物和碎屑的消化吸收能够调节微生物群落的平衡，并与之共同作用达到净化污水的效能[20]。很多盐水湿地，后一个来源途径是具有典型代表意义的。碎屑的分解是被大量微生物（分解者）所进行的，微生物如真菌以及更重要的细菌是湿地生态循环的基本物质。对于碎屑的分解活动也有很多是依靠无脊椎动物来辅助完成的，例如蚯蚓和昆虫幼虫，它们以有机碎屑为食，有助于对碎屑的物理分解。

生物之间的竞争是很普遍的。植物竞争光和营养，而动物竞争猎物、空间和掩蔽物。当种群数量很多时，一个单一物种的无脊椎动物可以供养许多捕食者（图1-9）。一个物种对于食物的需求根据该个体的年龄和季节变化也会产生不同。例如许多野鸭在一年的大部分时间都是以植物为主要食物来源的，但是正在产蛋的母野鸭和小野鸭会以含有高蛋白的无脊椎动物为食。捕食不可避免地减少了物种的数量，食物来源的减少就会鼓励捕食者改变

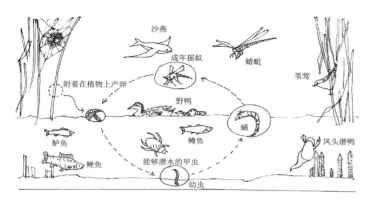

图 1-9 湿地竞争关系示意图

猎物或者转向另外一个新的地点。

　　竞争可以发生在食物网的任何一层，从某种程度上来说，这种相互作用也涉及食物网上的所有环节。例如不同种类的藻类相互之间会竞争养分，这种竞争会影响无脊椎动物的种群。简单的栖息地经常形成于非常极端的条件，同时也会更倾向于支持一些特殊的物种。盐水湿地对于大多数植物和动物来说是不适合生存的，但却成为一些如盐水苍蝇、盐水虾等物种理想的栖息地，并且这些能够适应此环境的生物会由于极端的条件而缺乏竞争，更有利于物种的延续。但正因为这些简单的生态系统支持很少的一些物种，因此所形成的食物网也会很少受到各种因素的影响。一个复杂的生存结构将更易于供养多样化的物种和组成一个更为稳定的群落。例如在一片具有茂密植被的盐水湿地中有适当数量的梭子鱼，梭子鱼可以有效地控制淡水鱼的数量，同时，梭子鱼吃浮游动物并且搅混沉积物又反过来促进藻类大量繁殖，当梭子鱼的数量减少时，淡水鱼则开始成为鱼类群落的主导。在湿地中通过操纵一个物种来达到食物网短期平衡的效果是有可能的，但在更长的时期内则会出现很多不同反应。

　　2．生态演替和适应性

　　生态演替通常被用来描述群落的自然发展，在时间的进程中向一个稳定的构成发展，这个发展的终结点为顶级群落，通常是某种形式的阔叶林。随着时间的推移，一种先锋植物由曾经干燥的环境转到湿地环境中成长，最初光秃秃的湿地逐渐被先锋植物殖民化，植物逐渐死亡转而成为河床上富含营养物质的沉积物。当条件合适时，较高的多年生植物如芦苇将会成长起来，也增加了沉积物的积累速度并且稳定悬浮固体物质。湿地生态系统的自然演替过程，使得其既具有成熟生态系统的性质，又具有年轻生态系统的表征[21]。在许多情况下，本土植物例如柳树的伸展根系能够吸收大量水分而引起湿地的逐渐干燥，一些陆生栖息地的植物如荆棘等则会逐渐出现和蔓延生长，这些植物群落从开放性水域一直生长到湿地边缘（图1-10）。

研究生物的生活习性能够有助于修复和创建湿地生物的栖息地，每一种生物对于栖息地的要求和需求都是不相同的，这取决于所需栖息地的各种构成要素。同时，生长在特定栖息地上的动植物也能反映出栖息地和湿地的类型。一些物种的生存需要特定的环境，许多种类的无脊椎动物属于此类，如豆娘的幼虫只能在浅水中被发现，并且水域中要有矮生水生植物如荸荠的生长。相比之下，许多物种在对栖息地的需求上则更加灵活，这就允许它们可以占有一个更为宽广的湿地范围，如野鸭可以得益于一个广泛的食物来源并且能够在许多不同环境下的巢居。

3. 盐水湿地中的霉菌、细菌和真菌

虽然盐水湿地中的霉菌、细菌和真菌结构简单、尺寸微小，但它们是构成盐水湿地生态系统的重要组成部分。盐水湿地中的细菌可以消化多种湿地中的有机物与无机物，通过新陈代谢将能量释放到环境中被其他植物与动物所利用。在食物网中，一个高等生物的生长需要很多最基本的天然原料，而这些天然原料不能被直接吸收，需要通过细菌等微生物的活动引入到食物网中得以进行能量与物质的循环。因此这些微生物是盐水湿地中食物网的直接参与者并且是重要的角色。

细菌主要存在于有明显沉积和腐败物质的地方，如在富有营养的湿地或是污泥环礁的河床上。这些沉积物的特点是带有黑色

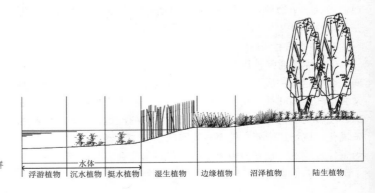

图1-10 湿地植物群落演替

黏稠的堆积物和特殊的臭味，这些都是细菌的作用而引起的，细菌在缺氧状态下能够释放出有毒气体如甲烷、氨、硫化氢等。被真菌污染的水域呈浅褐色或灰色，这是由于被污染的水域通常是通过细菌、真菌、藻类和原生动物的复杂关联与综合影响而造成的。真菌虽然在水体环境中分布比较广，但其一般在分解过程中的作用比细菌小，对于食物链的贡献较小，真菌在边缘栖息地中比较重要，在那里它们在分解植物残枝败叶等堆积物中起到主要的作用。许多水生真菌是寄生在其他生物上的，如壶菌通常寄生在藻类之上，在适当的条件下甚至还会破坏藻类的繁殖。

4. 盐水湿地中的藻类和维管束植物

海洋植物可分为两大类：藻类植物和维管束植物。藻类植物包括无真细胞核藻类（即原核细胞的蓝藻门和原绿藻门）与真核细胞藻类（即红藻门、褐藻门和绿藻门）。其中真核细胞藻类是多细胞植物，具有独特的适应海洋生物环境的能力。根据其自身的颜色，可将藻类植物分为绿色、红色和棕色。每种藻类植物所呈现出来的颜色都决定于其叶绿素中所包含的颜色。任何一个河口盐水湿地的藻类种群都是由这三种颜色的藻类构成的。

藻类是对于水生植物中一种广泛而简单的生物的集体统称。藻类中的很多物种都能够进行光合作用，因此藻类可以为食物网提供基本的物质与能量输入。每一个物种的藻类通常又有其能够旺盛生长的温度范围，结合变化的养分供给，藻类能够产生周期性的变化。蓝绿藻从夏末开始直至冬初都是物种繁盛生长的时间，一些蓝绿藻通常在9月份会释放出毒素，从而影响脊椎动物的神经系统。盐水湿地中的很多无脊椎动物都是以藻类为食物来源，同时藻类的生长也为小型的无脊椎动物提供了生存的避难所。藻类也能够成为鸟类的食物，如海蒿子是野鸭的重要食物之一。在河口生态环境中，大型的真核细胞藻类并不是主要的生产者，相反，体型较小的蓝藻、硅藻和维管束植物担当着盐水湿地生态系统中生产者的重要角色。在浙江的许多河口盐水湿地生长的绿藻包括小型盘苔、海绿色刚毛藻、石莼等；红藻包括石花菜、龙须菜等。

原生生物生活在河口的各个角落，可以通过自养、异养或是混合的方式供给细胞生长所需的营养成分。硅藻是一些河口生态系统中常见的原生生物，硅藻品种繁多、种群数量大，常被成为海洋"草原"。这些生存在盐水湿地沉积物中的硅藻为河口生态系统中的大型藻类或是先进的植物提供了生存所需的能量。硅藻有时也被称为"金藻",因为其叶绿素中含有一种能够使植物呈现棕金色的成分,所以硅藻能够呈现出很亮很吸引人的漂亮颜色。

硅藻的细胞膜主要是由硅元素构成,这是一种可以在砂石和玻璃中寻找到的矿物。这些由硅元素构成的细胞膜可以使光线进入细胞组织内部,从而进行光合作用,同时也保护着其中的单细胞结构。硅藻细胞膜上包含着数百计的微小细孔,这些细孔能够让细胞与周边环境进行相互作用。硅藻的形状各不相同,有些硅藻细长,有些硅藻圆润。生长在河口盐水湿地的硅藻大部分都是细长的类型。

硅藻常用分裂的方式生长繁殖。分裂初期,细胞的原生质略增大,然后核分裂,色素体等原生质体也一分为二,母细胞的上、下壳分开,新形成的两个细胞各自再形成新的下壳,这样形成的两个新细胞中,一个与母细胞大小相等,一个则比母细胞小。硅藻细胞经多次分裂后,个体逐渐缩小,到一个限度,这种小细胞不再分裂,而产生一种孢子以恢复原来的大小。

硅藻通过光合作用将盐水中的无机物质转化为有机物质供给自身生长所需,其原理是藻类吸收太阳光中的能量用来分解细胞中的水分子,水分子中的一部分被分解出来的氢原子和空气中的二氧化碳经过复杂化学变化后生成淀粉和糖类,再与植物吸收的氮、磷和硫等物质进一步作用,最终形成供植物生长所需的蛋白质等营养物质。另一部分被分解出来的游离氢原子每两个氢原子与一个氧原子结合后又形成水,剩余的氧原子从细胞中游离出来以氧气的形式溶解到盐水中或是被释放到大气中。根据研究数据,浮游植物通过光合作用每年氧气制造量约为360亿吨,约占地球上所有氧气的70%。硅藻的数量占浮游生物数量的约60%,由此可见硅藻在生态系统中的重要作用。

硅藻与其他湿地植物共同构成盐水湿地生态系统中的初级生产者,硅藻是鱼类、甲壳类等动物幼体的主要食物,也是形成生物性沉积物的重要组成部分,沉积的硅藻经过漫长的时间演化形成了极具经济价值的硅藻土。生活在盐水湿地中的硅藻是重要的生产者,它们会随着周边环境不断变化。当涨潮时,硅藻会下沉并低于表面的泥沙以免被水冲走;在退潮时,硅藻自身的细胞会迁移到表面进行光合作用。硅藻的移动极其缓慢,在移动时会分泌黏液从而进行滑动。这种黏液非常的黏稠,会粘合泥沙的颗粒,因此硅藻的存在能够很好地稳定沉积物和延缓水流对盐水湿地驳岸和河底的侵蚀。

光在水中与在空气中的传播是不同的。空气能够透射光,水可以传输、吸收和反射光。光通过水的传送可以供给水中的生物进行光合作用。然而,依据光的波长的不同,水对各种颜色的可见光的传输能力也是不同的。红色的光会很快被水吸收热量,因此红色光只能渗透到水中15m左右;蓝色光被水吸收得很少,所以能够穿透很深,达到33m;绿色光的渗透介于中间的深度。光是采用波浪形式传导能量,太阳光到达地球时呈现出白色的光线。白色的光是由红色、橙色、黄色、绿色、蓝色、靛紫与紫色构成。光的颜色是由光波的长度决定的,波长在0.4~0.8μm之间的光是可见并且具有颜色的。在可见光谱中,紫色光的波长最短,红色光的波长最长。因为光在水中的传播方式,水生植物不会获得同陆生植物一样的太阳能。因此为了加强对于太阳能的吸收,大多数水生植物的叶绿素中产生了善于捕捉蓝色和绿色光的化学物质,这些化学物质加强了光合作用的速率。同时这些化学物质也使得海洋藻类植物呈现出红色、黄色与棕色,当然绿藻中也含有这些化学物质,但是其含量掩盖不住叶绿素的颜色,因此绿藻大部分还是呈现出叶绿素的绿色。

维管束植物与海洋藻类植物同样在河口盐水湿地生态系统中是非常重要的角色。河口湿地中的维管束植物由陆生逐渐进化、适应,过渡生长到浅层的盐水环境中。因此这些盐水湿地维管束植物的很多部分,如根、种子、维管束系统等,都具有典型的陆生植物特征。在河口盐水湿地,海草是低潮环境中的主要植物,如同其他植物一样,海草在其生长过程中也孕育出花、花粉及种子。每年一季,数以万计的海草花都会在水中漂浮,由波浪把花及花粉从一个地方运输到另一个地方。在植物授粉后,受精卵形成种子随水流传播直到沉淀发育形成新的植株。海草不断蔓延,新枝嫩枝不断生长,使得海草能迅速形成大草甸,但在水的表面只能看见漂浮着的海草的叶片。如同所有植物一样,海草的生长需要大量的光,所以海草大多集中在水深2m以内。海草生长迅速,容易扩散,水下的海草能够为水生动物提供大量的食物。海草死亡之后其遗骸为细菌与真菌提供养料,逐渐被转化分解进入生态系统的循环之中。部分大颗粒的残骸也会被螃蟹等无脊椎动物消耗殆尽。海草不仅是河口盐水湿地重要的生产者,在生态系统中发挥着重要所用的同时,海草还为鱼类、贝类等生活在盐水湿地中的水生动物提供了栖息地。海草群落经常成为水中幼小生物的托儿所和觅食地,因此,海草的存在也为河口盐水湿地鱼类种群的多样性提供了可能。海草的存在与生长影响着河口盐水湿地的大小、形状与深度。海草的叶片与茎阻挡着水流的速度，当水流放缓时，水中的悬浮物（包括其中的土壤或是有机物质）就会沉淀。海草通过这种方式建立和稳固着河口盐水湿地的河底与驳岸。

河口盐水湿地是具有一定生产力的环境。这里生长着大量硅藻、海草，此外，绿色、红色以及褐色的海洋藻类也不断增长。但是，与大多数生态系统不同的是，消耗这些植物的并不是动物种群中的食草动物，而是通过细菌和真菌来分解这些死亡植物，分解之后的物质成为水中动物的食物。海草生长迅速，能够短时间内形成水下草甸。海草群落能够为幼小的水生动物提供隐蔽的栖息地与觅食地。在退潮的滩涂上，硅藻和蓝藻形成的沉积物分布在河床与驳岸之上，当水位上涨时，这些生物会退回到沉积物之下以稳固保护自己，当水位回落时，再升至沉积物之上进行光合作用。硅藻能够通过产生黏液稳固土壤颗粒与沉积物，以减少水流的侵蚀。河口盐水湿地中的生产者对食物链的支持是非常成功的。硅藻、绿藻以及维管束植物都通过自己的方式获得能量成为食物链的重要角色，作为一个群体，河口植物是最具生产力的群体。

5. 盐水湿地中的苔类与大型水生植物

苔类植物（苔藓）能够在真正的水环境中生存，在季节性的盐水湿地中，苔藓也是沼泽植物的重要组成部分。与苔藓形成对比的是盐水湿地中常见的且分布广泛的高等植物种类如芦苇等，这些植物沿着海岸线浅层土蔓延生长。光合作用是植物生长繁殖和净化污水的能量来源[22]。对于水生植物，湿地水体的水质清晰度是决定物种种类与生长状况的重要因素，如在清澈的湿地水体中，光线充足，能满足植物的光合作用，在这样的水域中植株个体可以生长到长达5m，有时甚至可以达到10m。但是在实际的盐水湿地中，大多数植物通常生长到2m。浑浊的水域或是富营养化的水域会抑制水生植物的生长。

大多数大型植物都是多年生植物，它们在冬天枯竭，在春天再生。大型水生植物是湿地植物群落长期适应水环境而逐渐演化的[23]，主要包括水生维管束植物和高等藻类[24]。沉水植物通常都有非常灵活的水下叶片以增加叶表面积从而进行气体交换，并减少在流动水域中的阻力。这些植物的生长通常是依靠母本植株断裂的碎片得以再生，因而新生植株能够更好地适应栖息地。少数种类的水生植物能够同时适应干燥和潮湿，如两栖蓼、水马齿都有水生和陆生两种生长形式。大多数水生植物，包括芦苇，其种子需要暴露在泥土外才可以发芽。

在特定的湿地中，植物群落的生长对于动物的生存会有很大影响，植物群落的多样性为动物栖息地的构成提供了丰富的条件。李志炎研究认为，某些植物根系为根围异养微生物供应氧气，同时，植物还可以向环境中分泌抗生素，在还原性基质中提供一个富氧的微环境，提高了异养微生物的数量、活性和降解能力[25]。湿地中的乔木与灌木，其根、茎、叶为水中生活的鱼类、两栖类以及湿地无脊椎动物提供了生存场所。这种由植物提供的巢穴或是栖息地，对于湿地中的特定物种，在其某个生命周期阶段会产生重要的作用，如蜻蜓等在由幼虫成长为成虫的过程中需要植物的茎作为栖息场所。许多动物会选择特定植物物种个体的某个特定部位用来产卵，淡水鱼和两栖类动物所产的卵会附着在植物上，而一些鸟类如凤头䴙䴘通常会利用挺水植物来构建巢穴。一些鱼类和鸟类，包括天鹅、野鸭等，在一年中的大部分时间是以水生植物为食物来源的。

6. 盐水湿地中的无脊椎动物

盐水湿地中的水生无脊椎动物通常是由甲壳类动物、软体动物（多数是蜗牛）等构成。一片盐水湿地能够承载的无脊椎动物的种类很大程度上是由地理位置、溶解氧的含量、水质、植被结构、地质等因素所决定。

种类繁多的微生物，比如原生动物和枝角目，它们在水面自由漂浮，以藻类和碎屑为生。这类生物的生活习性表明了它们更能适应静水中的生存环境，它们也为食肉性动物提供了丰富的食物来源。大多数无脊椎动物以及以碎屑为生的物种，它们的栖息地不仅仅限定在湿地的河床（底栖息动物）上，还包括沉水植物。无脊椎动物的多样性以及多种多样的体态特征显示出生物行为对于环境的适应性，如动物扁平的身体与吸盘状的触角能够使它们与水流抗衡，因此能充分利用溶解氧和捕食水流中的碎屑。

盐水湿地中生存的海绵、水母、蠕虫等都是无脊椎动物并且在河口生态系统中起到非常重要的作用。在河口，其他无脊椎动物，如软体动物的蜗牛、鱿鱼等，节肢动物的虾、螃蟹等，以及棘皮动物的海胆、海星等同样物种丰富且是生态系统中不可缺少的组成部分。盐水湿地中被人们熟知的软体动物有蜗牛、蛤蜊、鱿鱼等。带壳的蜗牛通过一个类似于舌头的器官进食食物；蛤蜊等双壳软体动物因为滤食性的原因一生中大多数时间都在河口生存；鱿鱼和章鱼等第三类软体动物即使外形与前者不同，但是也有着软体动物共同的特点。虾、螃蟹等节肢动物其身体外面有坚固的外部框架，可以保护身体不受侵害。在河口食物链中，许多节肢动物都是捕食软体动物和蠕虫作为重要的食物来源。在盐水湿地中，皮肤多刺的棘皮动物主要包括海星、海胆和海参等。棘皮动物有着令人难以置信的再生能力，这个能力能够使其替换退化的四肢和消化系统。

多细胞生物比原生细胞或是原核生物更为复杂。单细胞生物通过细胞膜从环境中获取氧气和食物。对于多细胞生物体，数以百万计的细胞都是与环境分离的。动物通过呼吸系统能够给身体带来氧气并将二氧化碳带走。动物的细胞需要氧气进行化学反应，在无氧状态下，细胞将会迅速耗尽能量而死亡。在河口盐水湿地，水生动物从环绕在周围的盐水中得到氧气。鳃是水生无脊椎动物和鱼类的呼吸器官，它的每个组织薄片中都存在着数以千计的微小血管。构成鳃的这些薄片紧密组织，形成最大的表面积，水流经鳃的时候，溶解水中的氧就会通这些薄片扩散到血液中，同时将溶解在血液中的二氧化碳等代谢物排出身体。呼吸系统的工作原理与循环系统一样，其目的是使细胞与氧气结合。循环系统携带营养物质供给细胞的同时将代谢废物排出，消化系统把细胞需要的营养物质运送到体内并排泄代谢废物，协助这些消化系统进行运动和协调的神经系统都是通过肌肉系统控制的。

海绵，也称海绵动物门，是最低等的多细胞动物，结构简单，但作为一个特殊生物群体含有极丰富的生物活性物质。海绵被认为是最原始最低等的水生多细胞动物，具备了几乎所有的动物基本特征，但也有像单细胞生物的地方，例如单独的海绵细胞是可以成活的。每一个海绵细胞的功能、样子、颜色、大小都一样没有分化，并且每一个细胞都能移动、改变形状，就像聚在一起的单细胞生物。海绵体壁由内、外两层细胞构成。外层称为皮层，内层细胞称胃层，生有鞭毛，主要进行摄食和细胞内消化的作用。水流通过表皮上的微小缝隙携带水体中的食物流入海绵体内，内层细胞抓住这些悬浮在周边的食物颗粒，多余的水分和排泄物再通过排水口流出。成年的海绵会固着在某些生物之上并且几乎一生都会生活在这个地方。不同种类和不同位置的成年海绵其大小、形状各有差异。在河口盐水湿地中，很多海绵物种都是生长缓慢的，并且在生长过程中会结成像坚硬岩石一般的膜。只有少数几种海绵物种能够长得更高并呈现花瓶或是手指的形状。在河口盐水湿地中生长的海绵体积相对较小，多数呈现彩色的外貌。红色的火山海绵，由于呈现出亮橙色或是猩红色很容易引起注意，这种小海绵直径一般为6～9cm，长度一般为4～6cm，表面分布很多很密集的排水孔。

　　海葵是海洋以及盐水湿地中常见的无脊椎动物，其构造简单，外表类似于植物，常见的品种有绿海葵、黄海葵等。海葵无骨骼，分泌角质外膜，以及黏液，用来黏粘贝类或是其他物体，海葵食性复杂，主要食物包括甲壳类、软体类以及其他无脊椎动物和鱼类。多数海葵不进行移动，偶尔会有爬行或是翻滚。以海葵为食物的动物有海星、鳗鱼、鳕鱼、比目鱼以及海牛等。

　　水母是腔肠动物门的无脊椎动物。水是构成水母身体的主要成分，占生物体重的95%以上。水母的运动是通过体内喷水的作用力进行漂游，运动过程形似圆形雨伞。大多数水母喜欢生活在静水或是死水水域，生命力顽强，几乎不需要氧气。如若水体中检测到有大量水母的存在则证明此水域已经恶化，因此水母也是检测水质的生物指标之一。水母是杂食性动物，食物包括鱼卵、成年或是幼年鱼类、浮游生物等，水母的大量繁殖经常导致鱼类的大量死亡，后果不可恢复。海龟是水母的天敌，因此，保证水环境健康，加强对海龟的保护是控制水母数量、治理水污染的有效方法。

　　在河口盐水湿地以及滩涂底部，蠕虫种群的数量很庞大。蠕虫在充满泥沙的居穴中生活，有助于疏松土壤并把营养物质翻到河底表面。此外，蠕虫是河口盐水湿地食物链中的关键部分。海洋扁虫是一种身体瘦小的动物，依靠毛状的纤毛进行移动。扁虫的消化系统只有一个开口，用来进食食物和排泄废物。扁虫的肌肉管被称为咽，食管的消化酶可以分解食物也可以分解泥土。红蚯蚓的皮肤能够显现出体内的红色体液，较容易辨认。红蚯蚓的体长在38cm左右，其肉质的伪足可以帮助它们很好地在河底沉积物上运动。红蚯蚓可以在含氧量低并且盐度高的环境中生存，因此能够很好地适应河口盐水湿地的生存环境。沙蠕虫是杂食性动物，白天沙蠕虫隐藏在河底沉积物中，晚上出来猎食甲壳类动物或是软体动物。根据研究结果，沙蠕虫在清除动物尸体遗骸方面有突出作用，沙蠕虫的另一生活习性就是它们用海藻来磨牙齿。

　　河口盐水湿地为几种软体动物提供了理想的栖息环境。软体动物可以适应广泛的栖息环境，并且能够随着环境的变化而逐渐进化。在河口盐水湿地生态系统中，有两类软体动物是生存种类繁多的并且适应性很好的，一类是腹足动物蜗牛，另一类是双壳类动物如蛤蜊等。而头足类动物如章鱼和鱿鱼在盐水湿地中的数量是极少的。所有软体动物都有一个共同的特点，即个体都有一个柔软的身体，包含循环、呼吸、生殖、消化和排泄等器官系统。包裹在身体外面的是一层薄薄的外壳组织。有些物种的外壳可以分泌出一种或多种防御性物质，如墨汁、黏液或是酸性物质。软体动物还拥有一个肌肉发达的脚用于蠕动。大量的软体动物的齿、舌都附有肌肉，并且有着锋利的齿状突起。许多软体动物都行动缓慢，其柔软的身体需要保护才能远离天敌。对于腹足类和双壳类软体动物，这种保护来自于它们的壳。除了保护功能外，壳为肌肉提供了连接点可以防止身体组织的干燥。在所有软体动物种群中，雌雄体是分开的。在受精后，雌性将受精卵产在沙子、海草或是岩石中，受精卵发育成能够游泳的幼虫，大部分幼虫在其成熟期的数天或是数周中成为浮游生物。

大多数河口盐水湿地都生存着很多软体动物中的腹足类动物，如蜗牛、海螺和海蜗牛等。大多数这种腹足类动物都有一个天然的外壳。头是它们的感觉器官，头部包括眼睛、触角和嘴。位于身体中心则有一个可以为其提供运动的扁平的脚。蜗牛的螺旋形贝壳可以保护动物的内脏器官。在一些物种中，壳外面还有一个皮瓣或是鳃盖用来关闭外壳，从而保护身体远离危险，如海螺等。亚洲泥蜗牛在滩涂上爬行缓慢，依靠摄食硅藻泥等上层沉积物生存。与大多数的软体动物不同，亚洲泥蜗牛的卵不会生长成为浮游幼虫。有肺蜗牛喜欢生活在盐水湿地中的草本植物群落中。有肺蜗牛利用肺进行呼吸，也能够通过体表在水下间歇性呼吸。春季是有肺蜗牛的产卵期。东部泥螺有一个锥形的外壳，长约2.5cm。深棕色的或是黑色外壳上有纵横交错的白线。东部泥螺在东海岸的盐水湿地靠进食硅藻生存。

双壳类软体动物其身体包括两个壳。这些壳或是壳瓣依靠强有力的肌肉集中在身体的一方开启或是关闭。蛤蜊、牡蛎等都是在河口盐水湿地中常见的双壳类动物。双壳类软体动物没有明显的头部与尾部的区分。位于身体中心的脚可以延伸到整个被打开的部分。作为滤食性动物，双壳类动物依赖它们的鳃进行气体交换和从水中捕获食物。水流流经鳃的时候，鳃上的黏液收集水中的食物残渣，然后通过纤毛进入口中。双壳类动物必须通过自己的身体移动使得水流流经鳃从而收集足够的食物来维持生存。蓝贻贝是典型的双壳类动物，5cm长的深蓝色外壳在长期进化中被水流塑造成瘦长的三角形。蓝贻贝在我国东部盐水湿地中分布广泛，它通过脚腺体分泌足丝来固定身体。当它们试图移动时，蓝贻贝调整现有足丝的长度并且产生新的分泌足丝。这种分泌足丝既可以用于防御，也可以用来捕获蜗牛。河口盐水湿地中的双壳类动物具有巨大的商业价值。这些贝类喜欢低盐度的生存环境。

　　蜻蜓目是典型的水生无脊椎动物，其中包括常见的蜻蜓和豆娘。这些昆虫的稚虫栖息在长有水草的水面上，早龄稚虫取食小甲壳动物和原生动物等水生动物，后期稚虫取食摇蚊幼虫、水生甲虫和螺类，甚至小鱼。它们通常选择温润、阴暗的水面和驳岸，并且要有突出的枝叶作为遮蔽物以便保证稚虫在爬出水面之前的安全。在水中生存的稚虫其生命周期短，大多数生活在pH值6～9的环境中，以碎屑为食。水中的无脊椎动物也为鱼类和鸟类提供了丰富的食物来源。

　　节肢动物是河口盐水湿地生态系统中物种丰富的一类动物，其陆地同类动物是所熟知的昆虫以及蜘蛛。在盐水湿地中常见的节肢动物包括虾、蟹、甲壳类动物以及一些不太显眼的片脚类和桡足类动物。节肢动物的身体上覆盖着硬硬的外骨骼，提供结构性支持，保护其不受天敌的威胁。节肢动物的强硬外骨骼主要是甲壳纤维素，是高度灵活的聚合物组成。甲壳素是动物的外延真皮，位于皮肤的最外层。节肢动物的身体是分段的。头部包括大脑、感觉器官等，一些节肢动物的感觉器官是复眼，通过复眼创建类似于马赛克排列的影像来获取图像信息。节肢动物能够迅速地移动，通过触角、腿等身体的延伸部分来处理包括食物、运动、感官输入等多种功能。大多数的节肢动物都是通过受精卵繁育，当受精卵孵化成幼虫后，幼虫变为浮游生物在湿地礁石上定植生长。超过80％的节肢动物物种都有一个坚硬的外壳称为外骨骼。外骨骼的功能类似于其他类型的骨骼系统，与两栖类、爬行类、鸟类和哺乳动物的内部骨架一样，外骨骼能够支持组织并且保证无脊椎动物的身体形状。外骨骼还可以作为盔甲以保护动物远离天敌的威胁，又因为其完全覆盖动物身体，因此可以有效防止内部组织干燥。外骨骼作为肌肉附着点，可以为动物提供更多的杠杆和机械优势，这就是为什么小虾可以用钳子切开一条大鱼或者举起自身体重50倍的物体。尽管外骨骼有很多优势，但是它还是有一些缺点。外骨骼比较沉重，因此，随着时间的推移，有着外骨骼的动物仍然很小。此外，动物必须蜕皮或脱落外骨骼以使它们能够重新生长。在蜕皮期间，动物是脆弱不受保护的，容易成为掠食者的对象。

许多节肢动物被列为甲壳类动物。甲壳类动物的身体可以分为三个部分：头、胸和腹部。河口盐水湿地中最小的甲壳类动物是桡足类和端足目，这两类动物是浮游生物的重要组成部分，也是其他较大动物的重要食物来源。桡足类极小，其测量的长度小于1mm，白色或透明的身体生长着一条类似于鱼雷一样的分叉尾巴。在身体前端，桡足类有两个与身体一样长度的触角。桡足类捕食单细胞藻类和其他小型浮游生物，其幼体也称为无节幼体，在成熟期之前是漂浮在水中的浮游生物。端足目动物也是生长在盐水湿地中的甲壳类动物，体型略大于桡足类。这些端足目动物以水生植物、硅藻以及小型浮游动物为食，是杂食性动物。与桡足类不同，它的幼虫不会成为浮游生物，幼虫从孵化袋中游出即开始其成熟期的生活。

虾、龙虾、螃蟹是河口盐水湿地的重要甲壳类动物。这类甲壳类动物每个个体都有五对脚，其中一对进化成为钳。虾的体型很小，十只脚都比较轻，它们的鳃位于外壳之下。与龙虾和螃蟹不同，虾主要是游泳，而不是爬行，通过水流和长着肌肉的尾扇来推动它们的身体。它们依靠眼睛来提防捕食者。白虾大部分时间都生活在河口盐水湿地中。白虾可长到25cm的身长，有棕色的超过身体长度的触须。五双腿中有三双腿用于行走，有一双是弱钳。河口盐水湿地中还有与白虾是近亲的棕色虾与粉红色虾。棕色虾有着深绿色和红色的尾足，粉红色虾的颜色中稍带蓝色。虾使用尾扇来进行移动和长距离游泳，尾扇可以快速推动使其离开危险地方，当短距离行走时则依靠腿的挪动。白虾的栖息地包括河口盐水湿地中的泥泞沉淀层和盐泽地带。产卵期时在靠近驳岸的区域活动，受精卵沉淀在河底沉积物之上，幼虾在最后的幼虫阶段会向上游淡水迁徙，因为淡水区域中适合它们的食物较为丰富。幼虾以水生植物和有机物质为食，成熟之后开始捕食动物，如蠕虫、鱼类和贝类的幼虫，甚至其他虾类的幼虫。在第二年春天，成熟的虾就会迁出河口盐水湿地逐渐移动到较深的海洋中。蓝泥虾栖息在河口盐水湿地的河底淤泥中。它们的洞穴从河底表面向下延长至45cm，水平长100cm，然后向上返回到河底表面。

螃蟹与所有甲壳类动物一样有着坚硬的防护外骨骼。它们的身体平整，适应于挤在狭小的空间中。相比于虾和龙虾，螃蟹的腹部很小。根据种类不同，螃蟹有各自的捕食策略。螃蟹的螯的形状和大小能够指示出各种种类螃蟹的食物偏好。比如匙形螯的螃蟹是以藻类为食物的，它们收集和刮掉附着在岩石上的藻类；食贝类的螃蟹有着宽大劲的螯和牙齿，以便于打破贝类的坚固外壳；食腐螃蟹的螯较为锋利，以便于撕开植物或是动物的遗骸；滤食性螃蟹的螯更适应于挖掘泥土分离有机物质。螃蟹有五双行走的腿，其中一双进化为锋利的螯。在交配季节，螃蟹游至盐水湿地的驳岸有淤泥的地方，雄性开始挖穴，直至雌蟹的到来，整个繁育期都将驻守在洞穴中。招潮蟹是河口盐水湿地中最常见的一种螃蟹。招潮蟹体型较小，身体呈方形，有单独的一只特大型的螯。退潮时，招潮蟹从洞穴中出来沿着驳岸寻找食物，它们会用螯挖出淤泥中的腐烂有机物质来食用。雄性招潮蟹的两只螯是一大一小，雌性的两只螯都是小螯。雄蟹通过挥舞大螯来吸引雌蟹注意或是吓跑潜在的捕食者。春季潮汐时，雄蟹挖掘泥土建造居住用的洞穴。招潮蟹的洞穴比较复杂，一般都有一个以上的出入口。洞穴的入口宽度约1.2cm，深度约30cm。招潮蟹一般都在洞穴附近活动，当遇到潜在危险时会及时逃进自己或是邻居的洞穴中躲藏。这个洞穴是螃蟹休息和晒太阳的地方。在高水位时，洞穴的开口能够嵌入泥巴堵住水流的倒灌，即使水覆盖了洞穴，洞穴中的结构也能够保证螃蟹的呼吸。招潮蟹生活在水下，同陆生的螃蟹一样都是用鳃来呼吸的。螃蟹的鳃必须保持湿润，因此其活动范围不能远离水。

　　寄居蟹区别于普通螃蟹的是它们的腹部没有坚硬的外骨骼。寄居蟹通常会移动到废弃的蜗牛或是海螺壳中来保护柔软的身体。如果遇到了合适的外壳，寄居蟹会将腹部扭转进壳中，露出脚来移动和捕捉食物。随着寄居蟹的成长，它们会不断寻找更大的壳来容纳不断长大的身体。在河口盐水湿地，长腿寄居蟹更喜欢海螺和牡蛎的外壳。相对于小体型的寄居蟹来说，长腿寄居蟹可以长到5cm。扁平腿寄居蟹的体型更大一些，一般生活在蜗牛壳和螺丝壳中。

　　鲎亦称马蹄蟹，但不是蟹，而是与蝎、蜘蛛以及已绝灭的三叶虫有亲缘关系。鲎有马蹄形的外壳，一条长尾巴在游泳的时候可以当作方向舵来使用。在鲎外壳的背部两侧有两只复眼、两只单眼。壳下有五对脚，前四对用作步行，后一对用作游泳。用来呼吸的鳃像一本书的折叠页一样位于身体后部。通常以穴居的软体动物和蠕虫作为食物。

　　7. 盐水湿地中的鱼类

河口盐水湿地是少有的能够同时提供淡水和盐水的生态环

境。在世界范围内，鱼类是水生脊椎动物中最大的一类。在河口盐水湿地这样的淡水、盐水交汇的环境中，鱼类是这里的"居民"也是这里食物链不可或缺的重要角色。与海洋和河流环境相比，河口盐水湿地包含了不成比例的大量鱼类幼苗。许多海洋生物会离岸繁殖，但是年幼的幼苗却在河口生长。河口盐水湿地的构造可以提供更多的凹凸有缝隙的栖息地，是个天然的避风港湾。在这里有丰富的食物来维持幼鱼的生长，保证它们可以安全返回到海洋或是河流中。在河口盐水湿地中，常见的有两大类鱼：软骨鱼类和硬骨鱼类。前者包括鲨、鳐、魟等鱼类，在河口盐水湿地中很少生存。后者硬骨鱼有数百种生活在河口盐水湿地中。大多数鱼都是多骨的，并且骨骼的结构也是多样性的。一些鱼的外形类似鱼类，一些则形如烙饼。很多生活在热带水域的鱼类外表颜色鲜艳，多以条纹和斑点为标记；而大部分温带和冷水型的鱼类则外表色彩变化不明显。有些种类的鱼有长途迁徙的习性，有些鱼则终生生活在小范围水域内。

在周期性干旱的湿地中或者偏酸性（pH<4.5）的水域中很难找到鱼类。大多数鱼类对有毒性的物质和含氧量低的环境很敏感，因此很难在受污染的水中有鱼类的生存。盐水湿地中常见的两种鱼是鲑鳟鱼和草鱼。鲑鳟鱼的产卵需要低温（<15℃）、干净以及含氧量高的水域。河口盐水湿地是数种硬骨鱼洄游途中休憩停留的地方，在这里也进行溯河产卵。在河口生态系统中，溯河产卵鱼类的物种数量远远大于降河产卵鱼类。最有名的溯河产卵鱼类是鲑鱼。鲑鱼的生命周期较为复杂，大多数鲑鱼生活在北美和亚洲的北太平洋海岸，以及北美和欧洲的北大西洋海岸。银色的小鲑鱼长成后会有15.2cm，在成长期间，鱼体内会发生化学变化使得它们能够适应盐水中的生活。小鲑鱼在成年游向海洋之前会在河口盐水湿地的淡盐水水域生活一段时间，以适应盐度的变化。在河口盐水湿地的生长时期，小鲑鱼将发育完全，会有3~7kg的重量增长。从河口盐水湿地离开之后，在未来的两到四年，小鲑鱼将生活在海洋中。当成年鲑鱼繁殖时，鲑鱼会回到它们的出生地淡水河中产卵。成年鲑鱼凭借非凡的记忆以及敏锐的嗅觉以每天115km左右的速度游回到它们的出生地。每个出生地都有独特的气味和化学特征，都有特定的动物、植物、矿物以及土壤。在洄游的过程中，鲑鱼也会在河口盐水湿地停留一段时间以进行休整和盐度的调整。一旦进入淡水河，鲑鱼将不再进食，直至返回海洋。雌性鲑鱼选择交配产卵的场地，并且通过自身的

运动建造一个长约3m、宽约30cm的产卵地。每次产卵都需要一个新的产卵地，产卵结束后，雌性鲑鱼慢慢游向河口并最终游回到大海。

所谓的草鱼其实包含很多种类的鱼，如米诺鱼、棘鱼、梭鱼等。这些鱼中有很多可以在营养丰富的水中正常发育。尽管有很多成年的鱼能够在不同的水环境中很好地生活，但由于受鱼卵和鱼苗生长条件的限制，它们的分布仍然受到很大的限制。有一小部分种类的草鱼，如鲅鱼等仅仅能在低温水中生存。鲻鱼是另外一种形式的溯河产卵鱼类，它们一般生活在温暖的水域。每条鲻鱼背部都是橄榄色，两侧是棕绿色或蓝色，并且有黑线条纹横向贯穿身体。白天，成年的鲻鱼鱼群在沙地或是被植物覆盖的河口盐水湿地水域中觅食。鲻鱼鱼群从河底沉积物中筛选出营养丰富的有机物质、藻类和小型的甲壳类动物。鲻鱼也吃水草和水草上面的小动物。鲻鱼可以消化掉空气与水分界面上的黏液和浮渣。雄性和雌性鲻鱼在夏末和初秋将卵产在海水中，受精卵浮到海面上48小时之后孵化成幼鱼，幼鱼会游到食物丰富并且有植被保护的河口盐水湿地区域。当鲻鱼逐渐长到5cm时，它们会移动到稍深的水域继续生长，在3～5岁时，鲻鱼成为性成熟的成年鱼，能够在近海进行产卵活动。

鱼类的食物随着其个体的年龄和大小差异而变化，一般情况下幼鱼是以浮游植物为食，而个体逐渐变大的鱼其所获取的食物尺寸也逐渐增大。在一个特定水域内鱼类的种群数量通常由大型的肉食性鱼类控制着，并且在很大程度上影响着整个湿地的生态系统。大多数梭鱼除了部分个体小的幼鱼之外都是以捕食鱼类生存的，因此在某些水域，这类肉食性鱼类在控制鱼类种群与数量中起到重要作用。在生长着水草的湿地与河流中，肉食性鱼类可以隐蔽在水草中以伪装捕食鱼类。成年的鲈鱼也是肉食性的，但与梭鱼不同的是鲈鱼不以鱼类作为捕食对象，有些种类的鱼如拟鲤是杂食性的，它们的食物会根据所栖息的环境而变化。鲤科的鱼类倾向于在湿地静水区捕食，吸收河床上的沉淀物和碎沙砾并且筛选出摇蚊的幼虫以及其他无脊椎动物。此类鱼的习性会使湿地河床不牢固，增加水的浑浊程度，从而对湿地造成较大破坏，并且因此阻止了植物的固土作用。一些鲤科的鱼类与其他鱼类能够在低氧的环境下生存，因此也能忍受有机污染和富营养化的环境。草鱼大部分是以取食水草为生，因此在特定情况下可以用草鱼来控制杂草的生长。大部分的草鱼对温度反应敏感，在冬天它们会趋向于行动迟缓，并且为保护自己找到静止的深处水，利用树根和树枝作为遮蔽所，在温暖的水域它们会生长得很快，但对于水中的氧气不会产生负面影响。在有鸟类活动频繁的水域，鱼类的栖息为鸟类提供了丰富的食物来源，绝大多数鸟类更喜欢捕食小鱼或是幼鱼。鱼类种群的增长以及栖息地的扩大通常会受到洪水以及湿地类型的影响。

8. 盐水湿地中的两栖类和爬行类

在已知的6000多种爬行动物中大约只有1%可以栖居在盐水环境中，如蜥蜴、鳄鱼、乌龟和蛇类等，它们的身体结构都有着以下共同点：冷血动物、有氧呼吸、有鳞动物、体内受精繁殖。有些物种为适应盐水生活已经进化出一些陆生爬行动物所没有的适应能力。大多数脊椎动物不能饮用海水，盐水会导致其身体脱水和损害肾脏。盐水中含有氯化钠和其他盐分，是动物血液和体液中浓度的3倍。盐水湿地中的爬行动物饮用盐水是因为它们的身体分泌腺可以排泄掉多余的盐，可以降低体液中的盐负荷。只有很少数的爬行动物一生都生活在盐水环境中。草蛇也是经常出现在盐水湿地中的爬行动物，草蛇的食物来源很大程度上依赖于鱼类和其他两栖类动物，在具备枝枝和落叶的地方冬眠并且能够在腐烂的植被上产卵与孵化。河口鳄鱼在其舌头上有个排盐腺体，因此该物种可以生活在高盐度的环境中。河口鳄鱼的食物随着个体的成熟程度和生活的具体位置而不断变化着。小鳄鱼通常吃小型的甲壳类动物，如虾、螃蟹以及各种昆虫。长至青年期时开始捕食一些脊椎动物，包括鱼、蛇和鸟。成熟的鳄鱼能够静静等待更大的海洋猎物，如乌龟和鲨鱼，还能接近陆地哺乳动物。每年11月到翌年3月是大多数河口鳄鱼的繁殖期，雌性鳄鱼会在盐水湿地的驳岸用泥土和植物筑造大型巢穴，然后产下40~60颗蛋，再接下来的3周，雌鳄会在巢穴附近守护直至小鳄鱼孵出。菱背泥龟是半水生爬行动物，栖息地仅限于淡盐水湿地。春天到秋天是活跃期，冬天进入冬眠期。蚌、螃蟹、蜗牛和一些盐水湿地植物是菱背泥龟的食物。雌性菱背泥龟体长大约19cm，雄性的体型略小。菱背泥龟的外壳通常是浅灰色、褐色和黑色的，边缘是橄榄黄，外壳上面有菱形凹纹。在交配生殖期，雌性菱背泥龟离开河口盐水湿地转向河岸的沙滩或是沙丘上，开挖一个约15cm的深坑放置待孵化的蛋，大约60~120天后，幼龟孵出并迅速转移到水中。

盐水湿地中的两栖类动物通常需要依赖湿地中的水域进行生育繁殖。两栖类可以在陆地和水体中生存，每个物种在陆栖和水栖两个生存方式上都会有不同需求，但是它们在部分需求上是一样的，即需要有水生植物的水域生育幼体，还需要有灌木、草丛和落叶作为食物来源以及作为遮蔽来躲避肉食性动物和预防旱灾。不同种类的两栖类其生活习性也有所不同，蝾螈夏天的大部分时间都是在水域中捕食，成熟的蟾蜍可以居住湿地中的大多数地方，蛙科通过在湿地中冬眠从而逃避冬季干旱。绝大多数两栖类生活在中性（pH=7）的水中，蛙科可以生活在微酸性的环境。两栖类动物在刚孵出的几天是依靠水藻为生，随后成为肉食性动物，成年的两栖类动物的食物来源丰富，陆生无脊椎动物占其食物来源的很大比重。两栖类动物的卵和幼虫常成为鸟类、鱼类以及很多大型无脊椎动物的季节性食物。

9. 盐水湿地中的鸟类

河口盐水湿地是很多鸟类的栖息地、避难所和休息站。麻雀、白鹭、鸬鹚等鸟类在河口盐水湿地筑巢并且终年栖息在那里，燕鸥、苍鹭、鹈鹕等鸟类在迁徙过程中会在河口盐水湿地短暂筑巢休息。河口盐水湿地可以供给大量鸟类，但是每个物种都有其特定的摄食范围和环境。因此，不同种类的鸟即使需要相同的食物却不会产生直接竞争。鸟类的摄食范围因为鸟的嘴、腿和脚的区别而不同。喙用于取食坚果、过滤水藻、寻找蠕虫和打开贝类的外壳；腿和脚用于跑、走、游或是潜水。河口盐水湿地常见的鸟类种类包括：苍鹭和白鹭（鹭科）、天鹅、鹅和鸭（鸭科）、朱鹭和篦鹭（朱鹭科）、鹈鹕（鹈鹕科）、黑翅长脚鹬和反嘴鹬（嘴鹬科）、鸥、珩（鸻科）、蛎鹬（蛎鹬科）、鸬鹚（鸬鹚科）、鹗、秧鸡（秧鸡科）、鹬（鹬科）、剪嘴鸥（剪嘴鸥科）等。鸟类是与湿地相关的动物种群中最可研究和最常见的种群，也是迁徙范围最大的种群，它们的飞行力量保证它们能够在整个大陆移居，定居新的适宜栖息地。正如很多的物种迁徙一样，一个特定湿地的鸟群会随季节的变化而变化，一些种类只是在繁殖期来湿地，有些种类会在湿地过冬，还有一些在迁徙中途停下觅食。在北半球，迁徙周期的"北迁"运动通常发生在2月下旬～6月初，同时回归运动在7月～11月初完成。然而，对一个特定的物种或种群，大多数鸟类迁徙将在一个很短的时间尺度内进行，并且每一年变化都很小。

鸟类是恒温脊椎动物，羽毛起到保温和保护身体的作用，并且在飞行中有着重要功能。一般来说，鸟类会花费很多时间和精力用来梳理羽毛以保持羽毛的防水性能，在梳理羽毛时，鸟类会用尾羽腺分泌的油脂摩擦脚、嘴和羽毛。鸟类的味觉和嗅觉并不发达，但是它们的听觉和视觉尤其超长。鸟类可以保持相对高的体温和快速的新陈代谢，为了使血液在身体中快速循环，它们的心脏进化为四个心室。如同一些适应盐水生活的爬行动物一样，盐水湿地的鸟类也生长有能够排出多余盐分的腺体。这些腺体的结构和大小大体相同，大多数鸟类的盐腺生长在鼻孔附近的腺体内，盐分通过鼻腔排出。在河口盐水湿地生长的鸟类，其喙、腿和脚都进化到能够适应河口特殊的生态环境。有些短钳状的喙可以翻找泥沙表面的食物；有些细长的喙容易挖掘藏匿在淤泥深处的小型动物；有些叶状的脚能够帮助鸟类走过松软泥泞的滩地；有些细长腿和宽脚趾则可以帮助鸟站在浅水中捕食。部分种类的鸟精通游水和潜水，它们有着适应于游泳和潜水的身体条件，宽大的身体有助于保持在水中的平衡，厚厚的脂肪层可以增加足够大的浮力，密集的羽毛用来保暖。在游水时，鸟类的腿通常位于尾部，身体有强有力的机动性。湿地鸟类作为一个群体，其食物来源多种多样，主要包括水生植物、植物种子、鱼类、水生无脊椎动物以及与湿地相关的边缘植物如芦苇等。许多水鸟可以潜入水中以捕食水生植物和动物，最深可达到8m，但大多数水鸟喜欢小于4m的浅水水域，这主要是因为在浅水水域中捕食会消耗较少的体能。鸟类的移动迁徙性能让它们拥有广泛的捕食空间，能在复杂的湿地中觅食。

在盐水湿地中的脊椎动物里，鸟类是分类学和生态学中多样性最大的一类。影响鸟类群落分布和构成的因素之一是栖息地的环境特征，鸟类的迁徙性以及对湿地环境的依赖性决定了鸟类对于栖息地景观的敏感程度，因此栖息地的修复与健康是非常重要的，但往往在研究湿地鸟类群落时被忽视[26]。许多的野鸭、水鸟、鸬鹚等终生生活在盐水湿地中。更有一些种类如芦苇莺、鹭鸶、山雀已经适应在芦苇中度过大半生命时间。成群的海鸥和鹅通常会寻找安全的大型水体作为夜间栖息场所。许多湿地鸟类喜欢在一个相对开放的区域定居，以方便辨认潜在的掠食者。因此，大面积水域总是比小水域能吸引更多的鸟群，水禽寻找较大水域作为它们的夏末换羽场所，此时他们的飞行能力暂时受损。大多数水禽喜欢在一定时期离开水域，特别在换羽时，喜欢在裸露的驳岸和岛屿上游荡。许多水鸟在岛屿上会选择那些没有陆地捕食者威胁（如狐狸）的地方筑巢，在容易受到伤害的期间，其种群数量会降低。

野鸭栖息的水域大多都大于0.5hm²，其食物来源广泛，如短颈野鸭主要以浅水区的种子为食，琵嘴鸭会用它们类似过滤器的嘴在水面上捕食小型甲壳类动物，赤颈鸭以矮生野草为食，凤头潜鸭会在水下捕食淡水蜗牛，秋沙鸭以小鱼为食。一些鸭类在淡水湖泊和沼泽繁殖，母鸭与幼鸭主要以小型水生无脊椎动物为食物，在幼鸭孵化出的第一个12天里需要食用大量的无脊椎动物如摇蚊。

涉禽类是另一大类湿地鸟类，涉禽类喜欢群居，有时可能会达到上千只鸟组成一个群体。盐水湿地中的底栖无脊椎动物是涉禽类主要的食物来源。盐水湿地中的潮汐会对涉禽类的栖息产生较大影响，在高潮时期由于水位的抬高其食物来源相对减少。所有的盐水湿地鸟类都必须回到河岸进行繁殖。鸟类的繁殖地有沙滩，也有岩脊。超过90%的湿地鸟类都是具有地域性的。鹭科的苍鹭有着细长的脖子、腿和喙。站立时身长可达将近1m，翅膀展开时达到1.8m宽。苍鹭是河口盐水湿地食物链的上层消费者，其身高可以使得苍鹭保持在浅水区猎食的优势。它们可以长时间静止不动等待伏击鱼类和螃蟹，或者穿过水流，搅起小动物来捕食。朱鹭、篦鹭和它们的近亲都是长腿涉禽，有着细长笔直的腿和有蹼的后爪。细长弯曲向下的鸟喙非常适合吃包括甲壳类动物、蠕虫和鱼类在内的小动物。鸥是盐水湿地环境中常见的鸟类。主要摄取小鱼、蠕虫、无脊椎动物以及鼠类等小型哺乳动物。它们在长满草的沼泽内筑巢。鸻的生长范围极其广泛，从北极到热带地区都很常见。与大多数湿地鸟类不同，鸻的体型很短小，它们主要是在水边觅食。在退潮或是水位低的时候，鸻会紧随水流寻找河底沉积物下的小型动物。鸬鹚属于大型鸟类，成年后大多为黑色，喙细长，尾部有钩，有些物种的脖子上有明亮的黄橙色。有力的腿和蹼足能够使鸬鹚潜水寻找鱼类和无脊椎动物，潜水深度可达18m。潜水后，鸬鹚会在阳光下张开翅膀晒干羽毛，因为它们没有油腺保持羽毛的防水。因此，晒太阳凉羽毛是鸬鹚非常重要的日常活动。与其他许多河口盐水湿地的鸟类一样，鸬鹚是栖息在树顶的群居动物。秧鸡与家养鸡体型大小类似。秧鸡全年居住在河口盐水湿地的环境中。秧鸡的羽毛为灰褐色，两侧有黑白的条纹，喙长。雌秧鸡每次产蛋9~12颗，通常把蛋都放置在岸上用草搭建的窝里。如果需要伪装，则在窝的上方用柴草做成个盖子。天鹅、鹅和鸭是迁移性水禽，它们有很多相似之处，大多数腿短、蹼足、翅膀强壮有力。许多天鹅、鹅和鸭出现在河口是因为这里是它们迁徙路线上的必经地或是越冬的栖息地。

鸟类群落的分布与消长对于盐水湿地生态系统的稳定性以及检测生态系统的变化有着非常重要的作用[27]。

10. 盐水湿地中的哺乳动物

盐水湿地周边经常发现多种哺乳动物的踪迹，并且有几个物种如水獭、水田鼠等是在水中生活与栖息的。水獭的种群数量在21世纪已大量减少，主要是河流污染与湿地减少共同作用的结果。水獭喜欢在通透性较好的水域追捕鱼群，也常候在岩边或水中露头的岩石上猎食，靠灵敏的视、听、嗅觉和矫健的泳术觅得食物，以鱼为主食，也捕食蟹、蛙、蛇、水禽以至各种小型动物，它们喜爱傍水而居，常独居不成群，多居自然洞穴以及僻静的岩石隙缝或是具有蜿蜒曲折的大树老根的堤岸。水田鼠和水鼩鼱分布广泛，尤其喜欢生活在流动缓慢且有泥土驳岸的水体中，多利用驳岸的泥土建立栖息用的洞穴。水田鼠通常以驳岸上的草和水生植物的茎、根为食，而鼩鼱则捕食陆栖与水栖的无脊椎动物。水田鼠的穴居生活可以加速驳岸的侵蚀，并造成大坝和防洪带的破坏。许多小型哺乳动物如田鼠喜欢驳岸上的草丛、灌木丛以及矮树丛，这些哺乳动物会吸引许多食肉动物，如狐狸、红隼和猫头鹰。蝙蝠也是经常出现在湿地中的小型哺乳动物，蝙蝠通常栖息于树上的洞穴中进行繁殖，大多数湿地蝙蝠以飞行的昆虫为食，也有一些偏爱在水面捕食。对于海豚、海獭、海豹等海洋哺乳动物来说河口盐水湿地是非常重要的。这些哺乳动物是河口湿地的游客，夏季，哺乳动物被吸引到河口，因为这里食物充足并且温度适宜。河口也是某些物种理想安全的休养和繁殖的地方。

河口的哺乳动物是一个相对小的群体。经常可以看到哺乳动物躺在岸上或是停留在水表面，但是大部分时间它们都是在寻找甲壳类动物和鱼类觅食。大多数脊椎动物选择河口盐水湿地作为栖息地是因为这里植被丰富、筑巢安全。

1.3　微栖地与生物多样性保育

盐水湿地生态系统修复设计的目的在于保育或改善已有的栖息地环境，从而维持或增加湿地动植物种群使得湿地生态环境可持续发展。20世纪60年代，亚历山大提出生态的景观系统应是一个动态发展平衡的系统，认为生态景观系统应具有综合、复杂和秩序等特点[28]。面对自然的水域环境时，所考虑的方向是以保护为主，避免或缓和环境因素对湿地动植物种群造成负面影响，例如非必要的截弯取直、水资源移转、枝叶残渣堆积或流域内阻隔生物的设施等。当修复已遭受破坏的水域环境时，所考虑的方向则是以消除导致环境生态失衡的因素为主，例如改善特定栖息地因素、稳定边坡、建造鱼道等。

无论是栖息环境本身的特性、生物与栖息环境的依存关系，还是生物与生物间的相互影响与演化都显示出生物多样性的相互依存关系。为了解生态系统的结构与运转机制，生态学家已尝试利用简化的模式去推估其因果关系，相关信息也被移转到野生生物的保育工作上。然而从许多案例的推动中发现即便是单一物种的保育通常也难以从简单的角度去预期庞杂的生态反应。从对特定环境因素的修正、物种种群的动态及其不同的生态演替中，生态保育已积极地向生物多样性的理念迈进，这正是近年来生态学者一再强化的整体思维。

1.3.1　微栖地

微栖地通常指生物在特定时间点所实际使用的空间，在水域环境中的微栖地所包含的构成因素有：流速、水深、河床石粒径、细沙含量以及流域内的遮蔽物等。湿地的水陆边缘交错引起生物群落的多样性与高生产力，使得湿地具有显著的边缘效应[29]。由于水域内原生动植物与其栖息环境间具有长时间的共同演化关系，所发展出的互动模式其复杂的程度很难全部研究透彻。不同的水生生物会依赖特定的微栖地，伴随着物种的成长，其种群因不同生长阶段、不同季节、不同行为模式（如生殖、觅食、休憩）甚至不同性别，个体所需要的微栖地也有所差异。例如湿地中常见的鲫鱼产下的卵受精后具有黏性，需要附着在岸缘的沉水或挺水植物上以避免受精卵沉降到池底被泥沙掩盖而降低存活率，其幼鱼孵化后不仅需要有充足的浮游生物进食，还需要有茂密的水草可以躲藏，驳岸草丛中的涉禽在水中活动时其脚部会黏附鲫鱼卵并通过飞行带到其他水域中。水域中的斗鱼则是由雄鱼在静水区浮游植物间以口腔吸空气筑泡巢孵化受精卵及幼鱼，刚孵化还具有卵黄囊的仔鱼先是口向上悬吊在泡巢下，经1~2天才具备游泳能力并脱离泡巢。

1.3.2　生物多样性保育

在盐水湿地生态系内除了终生必需生活在水中的鱼类以外，从河底到驳岸的多样栖息空间里还孕育着多种类型的动物与植物。MacArthur（1955）和Elton等（1958）提出群落复杂性导致系统的稳定性，一般认为生态系统的生物群落越丰富，系统也越稳定，从而也越健康[30, 31]。对于无法完全脱离水域环境的两栖类而言，湿地及其周边地带是其极为重要的栖息环境，不仅可作为生殖场所，同时也提供了觅食、躲藏、休眠及一般活动的场所。盐水湿地生态系统内，水陆交接的驳岸地带因为环境因素变化较快并且复杂度高容易丧失栖息地的功能，如人工化的驳岸会使爬虫类、鸟类、哺乳类无法利用驳岸来筑巢。湿地驳岸的保育目标在于保持湿地生态系统结构与功能的完整性，以减缓各种人为活动对水域环境所带来的冲击。通常划定湿地滨水区为三部分，即滨水保留区（riparian reserve）、滨水缓冲带（riparian buffer strips）以及滨水经营带（riparian management zone）。其中滨水保留区的保育最为严格，保留区内严谨各种人为活动，其生态系统进行自然发展演替。滨水缓冲带主要依据湿地驳岸和生态敏感区的宽度不同而设定植物生长区域。滨水经营带则是依据各项生态系统以及功能进行限定的积极经营措施，如疏伐、除害伐及抚育等，以促进湿地生态系统处于最佳状态。

所谓原生动植物是指因物种演化与扩散，自然栖息在特定区域内的生物，不因为人为活动的干扰形成意外迁入。恢复植物群落与恢复动物种群类似，恢复的最终目的是使得群落或是种群能够达到自我维持的平衡状态[32]。湿地生态系统内原生动植物的修复与重新引入，其原因来源于不同方面的考虑，通常包括增加水域内的食物来源、调控水域生态系统等。

1.3.3　建立生态基本数据库

生态系统健康（ecosystem health）是新兴的生态系统管理学概念，是新的环境管理和生态系统管理目标[33]。其健康内涵应表现在三方面，即河道的健康、流域生态环境系统的健康及流域生态经济发展与人类活动的健康[34, 35]。生态保育虽然已经得到大众的认可，但对于湿地生态系统中的生物依然研究有限，搜集与汇总相关盐水湿地的信息非常重要。生物的生存与栖息受到其遗传表征的影响，在出生前即有预设的基本型，但在现实中无法完全避免外在环境，尤其是来自于竞争、共生、天敌等生物干扰的因素。生物学家在对盐水湿地中的生物如鱼类所做的生态调查，其目的即在探究特定鱼种的生存习性及其生态栖息地的结构，基于生物学家的研究，生态学者基于此类信息可进一步分析出影响该鱼种族群数量与分布范围的关键因素，作为水利工程设计、栖息地设计以及之后制定管理计划的依据，以合理并可持续地利用此再生性自然资源，保证盐水湿地的生态可持续性。

第 2 章

盐水湿地"生物—生态"
景观修复设计研究

2.1 "生物—生态"修复技术研究

2.1.1 "生物—生态"修复技术的内涵和发展

大自然是一个能够通过自身物质与能量交换进行自我完善和净化的系统。从古至今，自然界的自我修复能力也随着生态环境的变化而逐渐改善和适应发展着。"生物—生态"修复技术即是基于仿生学原理模拟自然界的循序发展和演化过程而形成的。

"生物—生态"修复技术是一项正在兴起和正在研究实践中的修复技术。"生物—生态"修复技术的原理主要是利用人工培育的水生植物、动物以及微生物等生命体的活动以及它们所形成的食物网之间的能量与物质交换，达到转移、转化和降解水中污染物的目的。"生物—生态"修复技术的主要思路是通过人工培育水生动植物群落，使其逐渐向自然生态演替，恢复生物的多样性，利用生态系统的自然循环再生和自我修复能力达到水体溶解氧的稳定，从而修复湿地生态系统的平衡，实现水体生态系统的良性循环，使水质得以自然净化。在实践中，理论的"生物—生态"修复技术可以转化为各种不同的生态工法得以实施，例如针对水生动植物修复的植物操控技术、人工湿地技术、动物栖息地恢复工法等，针对微生物修复的生态复养技术、微生物重建技术等。在实际工程应用中，每项技术有其专长且各项技术相辅相成，根据修复目标和盐水湿地自身的特性应考虑各种生态工法与修复技术的相互组合，以达到生态效益与经济效益的平衡可持续发展。

"生物—生态"修复技术是生物修复与生态修复的综合应用，对于其内涵和外延、联系和区别、作用和效果的研究是推进与实施"生物—生态"修复技术的基础，并且具有重要意义。

生物修复在广义上主要是指对于动物、植物、微生物等生命物体进行修复。但在河流生物修复或是污水处理中所指的"生物"通常专指"微生物"，而不包括动物和植物。本书研究的盐水湿地生物修复是广义的生物修复。生物修复的原理是利用生物生命活动的自然代谢过程减少和消除环境中的污染物以及有害物质，使其恢复自然生态的原始状态。常见的生物修复涉及领域广泛，包括对于土壤、大气、湖泊、河流、海洋以及固体废物等的生物修复。对于盐水湿地生物修复的研究，除恢复其生态环境中的植物群落、动物种群，还包括培育控制微生物菌群以降解水体中的

有机物质和有害物质，如将水体中的COD、BOD、有机氮等转化为
二氧化碳、水和氮气等，通过生物修复达到改善水质、恢复生态
的目的。在目前的研究中，生物修复技术已经成功地应用在对土
壤、地下水、河道的修复中，并逐渐完善成为改善水质、治理污
染的工程技术方法，生物修复技术应基于对动植物群落和微生物
菌群的研究之上，针对盐水湿地等特殊生态环境的生物修复研究
与实践仍在进行中。

　　生态修复主要是指，在对生物生理特性和生活习性研究的基
础之上，对于动植物在一定自然条件下的生存和发展状态的恢
复。生态修复的原理是基于生态工程学以及生态学，利用保持生
态平衡和促进物质循环的技术方法减少环境中的污染物质，改善
和恢复生命体的生存和发展状态。在生态修复的研究中也包含对
于生物生存的物理、化学环境的改善以及食物链环境的修复。
在目前的研究中，常见的生态修复技术包括生态河道驳岸的修
复、人工湿地和动物栖息地修复等。根据生态修复的目标和恢复
程度的不同，通常将生态修复划分为复原（restoration）、修
复（rehabilitation）、和复垦（reclamation）三类，复原是
指完全可以恢复到生态系统原始状态的过程，修复是指恢复到与
原始状态有差异但具有一定结构和生态功能的过程，复垦是指以
人类生存和发展需求为目标的恢复过程[1]。在实际操作中，根据
受损生态系统管理对策的不同，也会出现以下四种结果，即修复
（restoration）、改建（rehabilitation）、重建（enhancement）
和恶化（degradation）（如图2-1）。

　　生物修复和生态修复在修复目标上有所差异，生物修复主要
是对于生命体自身的修复，而生态修复主要是对于整体生态环
境的修复。生物修复可以被认为是生态修复中的一部分，但两者
的共同目的是用修复自然的方法改善生物群落及其生存和发展的
环境。

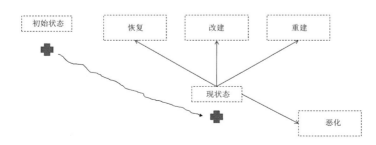

图 2-1 生态系统发展
趋势示意图

2.1.2　现阶段"生物—生态"修复技术方法概述

"生物—生态"修复设计是依据生态学原理，通过特定的生物、生态和工程技术方法，人为地控制和消除对生态系统有害的因素，优化系统内外的物质、能量和信息的流动与交换，达到对于受损生态系统的重构、再生和修复。在现存的生态系统中，一部分生态系统虽然受到污染与损害，但其程度未超过自然的容纳负荷，此类生态系统在移除干扰和不利因素后，修复是可以在自然过程中发生与维持的；另一部分生态系统是受污染与受损害程度为超负荷与不可逆的，对于这些生态系统仅依靠自然过程是不能使生态系统修复到未干扰状态前，必须借助人为的操控与干预。由于生态系统的未干扰状态很难定义，因此所指的修复程度达到未干扰状态多是指接近未干扰的状态。

"生物膜法"是生物修复技术中常见的方法，其原理主要是依靠微生物分泌的酶与催化剂发生化学反应，在实际应用中是使用卵石、火山岩等天然材料或是纤维等合成材料作为载体，将微生物附着其上，在表面形成生物膜从而达到对水体污染物的降解作用。

"生物操控技术"是利用食物网中的生物相生相克和摄取关系，通过控制生物群落结构和数量达到恢复生态平衡和改善水质的目的（图2-2）。在现阶段的实践中，放养滤食性鱼类控制藻类和放养肉食性鱼类控制浮游动物是常用的两种生物操控的方法。刘建康院士和谢平研究员（2003）在武汉东湖的围隔试验表明，放养滤食性鱼类，如鲢鱼、鳙鱼等，可有效遏制微囊藻过量繁殖。

"植物操控技术"主要是针对水生植物的操控，利用维管束植物对污染物质进行吸收、转化和降解，同时与微生物协同作用去除水体中的污染物质。常用的水生植物包括沉水、挺水、浮水和漂浮植物四种类型，不同类型的水生植物改善水质的方法与效果不同。沉水植物如苦草、金鱼藻、狐尾藻、黑藻等有带状或是丝状的叶

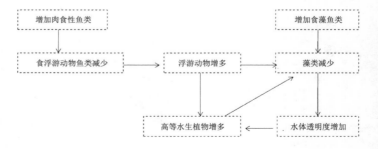

图 2-2 生物操纵控藻原理示意图

片，通过吸收水中的悬浮物质改善水质，提高生态系统的稳定性。挺水植物如荷花、千屈菜、香蒲、慈姑等通过对水流的阻力作用使悬浮物沉降，并且与其他共生的植物群落一同作用吸收和分解污染物质。浮水植物如王莲、睡莲、萍蓬草等根茎发达，叶片和植株漂浮于水上，与漂浮植物中的浮萍、满江红、田字草等类似，在生长过程中容易阻隔水体与外界的气体和阳光交换，降低水中的溶解氧含量，不利于生态系统的健康发展。水生植物的生长会受到季节的影响，因此其对水体的净化修复也会受到气候因素的影响。

"生态浮岛技术"是生态技术的一种实践，通过模拟水生动植物及微生物的生长环境，在水体中依靠浮力构建栖息地，利用微生物的分解能力、植物的吸收能力达到水质的净化的目的。

"人工湿地技术"是基于生态学原理，模拟自然湿地的生态系统，通过优化和恢复水生生物群落的多样性进行水质改善的生态修复技术。人工湿地的种类很多，但大部分都是由基质、植物、水体、动物和微生物种群五部分构成，常见的湿地类型有自由表面流人工湿地（FWS）、水平潜流人工湿地（SSF）和垂直潜流人工湿地（VFW）三种。

"自然型河流构建技术"是对河道、驳岸以及流域内的栖息地进行系统修复的技术，在工程实践中常包括河道空间修复、河床修复和洪水脉冲等三部分。河道空间修复常常是对于河道蜿蜒度与河漫滩的修复，形成自然弯曲形态；河床修复是控制淤积河段的输沙量，开辟鱼类等水生动物的产卵场、索饵场、停歇地和洄游通道等栖息地；洪水脉冲是模拟河道自然的水文周期变化，保证水流与驳岸直间的物质能量交换。对于流域内栖息地的修复应该基于对修复目标生活习性的研究，常用的技术手段涵盖鱼道修复、浅滩深塘结构修复、驳岸卵石堆等模拟水生生物活动场所的修复等。

2.2 基于"生物操控技术"的水生植物在盐水湿地中的研究与设计

盐水湿地建立、维持和养护的重要目的在于保护生态环境的可持续性、食物网中能量与物质的循环以及为该生态系统中的物种提供生长与栖息的环境。本节的研究重点是影响盐水湿地生态环境的植被管理与设计原则和方法。

"生物操控技术"通过改变生态系统中的生物群落结构，运用食物网中物质与能量的传送以及生物之间相生相克的关系，达到

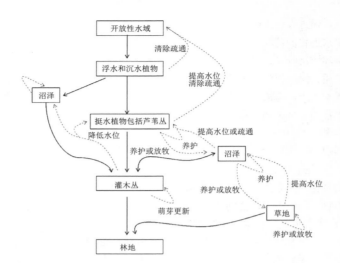

图 2-3 适合于盐水湿地修复和管理的方法图解

生态系统健康平衡与可持续发展的目的。食物网的复杂交错性使得修复、维护和管理盐水湿地的方法也多样化。如图2-3是基于食物网理论所展现的对于湿地修复和管理的可实施方法，这些方法在实际中应用时，应根据现地实际情况进行选择和组合。

2.2.1　盐水湿地植被群落的建立与管理

1. 引入到盐水湿地的生物

湿地植物具备半陆生半水生的生命特征，如根系浅、不定根繁殖等特点，是陆生植物与水生植物的过渡植物群落[2]。在修复或维护一片盐水湿地的时候，通常要考虑的是如何恢复湿地的植被，如何修复属于该系统的食物链，以及如何选择对应于该系统的植物种类。对于一片等待修复和维护的盐水湿地来说，物种引进是非常重要的工作。乡土树种和灌木通常会在修复和维护过程中被引入到原有的湿地芦苇种群或是其他一些湿地植物种群中，对于此类乡土物种的引入还是有一定必要性的。引入植物可以帮助固定河岸和河床，尤其是具有潜在的侵蚀破坏或是已经存在地基裸露、暴露情况的区域，植物可以被用来固定土壤和削弱波浪的侵蚀能量，从而保证驳岸的稳固。水生植物能够通过根茎的传输作用在其根部形成有利于好氧微生物生存的环境，通过微生物的代谢过程最大限度地去除污水中的氮含量[3]。1989年Odum提出湿地具有自我恢复的功能，种植植物只是加快了恢复的过程[4]。在植物群落的引入过程中，可以给选定品种提供一个竞争优势，即把一个物种引入到基底，选择成为既定的竞争物种。

在许多富营养化的水域中，可能会引进常见的芦苇或香蒲，使其最先获得"殖民统治"的竞争优势。引入植物可以建立自然屏障保护湿地，避免人类活动干扰或自然风沙侵蚀干扰。目前有关湿地植物的研究主要集中在植物对污水的净化效果研究上[5]。将植物在不同浓度污水下培养，发现植物在不同程度的富营养化水体中其净化能力不同[6]。有关研究表明一般湿地植物对Al、Fe、Ba、Cd、Co、B、Cu、Mn、P、Pb和Zn等均有富集作用[7]。还有研究发现人工湿地系统的沉积物和植物体内金属浓度比天然湿地中的高[8, 9]。目前植物对富营养化水体净化的机理研究包括植物的直接吸收[10]、物理化学作用[11]、微生物的新陈代谢和吞噬降解作用[12, 13]以及酶的作用等[14]。

人工引进物种也存在着很大的风险。许多湿地生物会自然移植到新地方，植物种子通过的风、水流或动物来移动并成活。鸟类、昆虫以及其他有翼的动物可以飞到新的栖息地。引进物种会有携带有害物种的风险，有许多攻击性的湿地植物，如普通的香蒲、加拿大伊乐藻等并不适合在盐水湿地的早期发展中引进。

2. 建立生态植被群落

在新建或是现有盐水湿地中引入植物，选择最合适的物种是非常重要的。所选择的植物不仅需要适应地区的典型气候、土壤及水文特征，而且还要适应现场的条件和微气候。最理想的情况是所选择的植物及种子为来源于本地的天然物种。

（1）芦苇在盐水湿地中的应用研究

盐水湿地的设计中经常种植芦苇，其目的在于吸引与芦苇相关的鸟类、为水鸟提供筑巢点、提供植物水处理系统的组成部分、保护土地免受侵蚀。

芦苇可在柔软或是贫瘠的基质上生长，尤其喜好含有高养分的土壤。该物种可以容忍相当高的盐度，可生长在潮汐河口和微碱地以及淡水沼泽。根据芦苇植株的年龄和原产地的不同，其耐盐性也会有所不同。芦苇的最佳生长地点是在浅淹没区即小于1.5m水深的区域。芦苇有长而粗壮的匍匐根状茎，以根茎繁殖为主，其根茎在地里长而交缠。在适当的条件下，单一的芦苇植株每年可以1.5m及以上的速度蔓延生长。由于芦苇丛通常以单一品种存在，类似于单一种植的农业，有些年份其种群很容易因壁板蛾幼虫或真菌造成生长不良。

表2-1总结了一些建立野生芦苇丛所使用的方法，所有这些方法都有其可以实现的价值。在各种条件中特别需要关注的是第一个生长季节的水位问题，在浅水区一些刚种下的植物可能会因为

水位的波动而被淹死，而即使是成年的芦苇也必须保证植株至少上面1/3的部分露出水面。但若没有任何水浸，陆生植物就有可能形成与芦苇的竞争，会影响到芦苇种群的成活。因此，在不可能精确控制水位的地方，最好的方法是尝试将芦苇沿绵长、浅滩的水岸带状种植，通过水位的自然调控，物竞天择，优选优势物

用于普通芦苇种植的方法总结　　　　　　　　　　　　表2-1

芦苇种植方式	最佳时机	优点	缺点	注意事项
种子	4~5月	易于管理	种子发芽率低，对水位精确度要求高，商业作用小	播种（20~125g/m²），裸露湿地，发芽后5~6周控制200mm的水位淹没，然后逐渐增高水位以消灭陆生植物
盆栽	4~5月，霜冻	易于管理	成本高，无法忍受洪水，商业作用小	湿地种植4株/m²，第一年可以比较密集，逐渐提高水位
茎扦插	5~6月	易于收集与管理	具有干扰原生苇地的可能性，需要从原产地快速移植	取植物的600mm根尖种在浅水区，10~15茎/m²，第一年即可很好地覆盖
成熟植株	未知	可容忍水位变动，时间灵活	需要重型机械挖掘和种植	确保根部清除干净，种植的时候控制适当的种植深度
根茎扦插	2~4月	在鸟类繁殖季节之外也可以进行	要求合理的水位，难以收集	枝条包括1~2个节点，40mm潮湿的土壤，一部分根茎暴露，洪水之后逐渐发芽
含土壤的根茎	2~4月	在鸟类繁殖季节之外也可以进行，土壤可能带来无脊椎动物种群，不需要具备专业技能	需要额外挖掘以补充土壤，需要重型机械来移植和种植，体积大运费高，土壤可能带来其他植物物种，只有部分根茎能够存活	根茎至少0.25mm带有土壤。保持潮湿，但不要水浸，直到嫩枝出现，然后逐渐增加水位

种。在场地中，为营建动物栖息地并吸引大量的水鸟，必要时应采取拉网的措施以保护黑鸭和鹅等禽鸟。

当芦苇丛被引入并建立完之后大部分工作已经完成，似乎这些为了种植芦苇所开发的技术也适用于其他水生根茎类植物种类。如果需要建立一个多样化的植物群落，可以考虑引入部分成熟的沉积物或是来源于本地适当范围内的植物群落样本。但是少数关于这项技术的评论指出这种植物种群复制技术因为涉及的影响因素繁多而使得植物体在移植区的存活机会非常低。当然，在适当的条件下，几乎所有物种的种子都会在腐烂或者被动物吃掉之前发芽并生长。但事实上，植物群落中每个植物种类的种子繁殖能力、幼苗生存能力及植株的生长能力都是不同的，随着年复一年的时间推移，该群落中的物种结构会发生很大的变化，部分物种也许会消失殆尽。

如何把野生芦苇丛的价值最大化，在湿地景观设计实践中创建苇地栖息地与设计苇地处理系统是两个比较常用与先进的设计方法。常见的香蒲和芦苇在浅滩和富有营养的湿地中是具有侵略性的。因此在需要精致水生植物造景或是有其他特殊景观要求的区域应该谨慎考虑与设计，一旦其群落建立起来且没有采取适当的生物操控措施，芦苇和其他一些野生自然植物可能会蔓延至湿地的每一寸土地。限制植株自然传播的最有效的手段是在种植区的周边建造水渠并保证水位超过植株生存的极限水位（普通芦苇和香蒲的生存极限水位为1.5m，因此操控水位应＞1.5m）；通过实际工程试验，3m宽的操控沟渠即可满足此用途要求。

（2）盐水湿地中的水生植物

丰富的水生植物对建立健康的水体生态系统是很重要的，水生植物群落是水体溶解氧的主要来源；是水生无脊椎动物最重要的栖息地之一；是底栖无脊椎动物的碎屑食物，供其分解食用；是鱼类的庇护所并为各种草食性鸟类提供食物。

在通常条件下，水生植物生长快速，适应新建栖息地的能力较强，并且对于后期的人工养护管理需求较低。大多数水生植物物种都可以生长出独立的小植株，从母株分离后随水流飘走，并且许多物种在适当的条件下会产生大量种子，种子和小植株随水流或通过水鸟的脚、羽毛及粪便寻找到适应生存的孤立水体繁衍生长。

种植水生植物有很多方法和措施，安全常用的方法是扦插植物个体。从园艺花圃可以获得苗木，在此过程中严格检查苗木供应商所提供的物种是很重要的。种植水生植物最好的季节是春天，因为植物幼苗还没有机会被食用或者被冲走。应选择在浅水区域（或者建立可完全操纵的水位）为初始的种植区，如果条件允许的情况下应采取幼苗保护措施以防止波浪侵蚀。成熟的植物可以被引入深水区域，可用足够的土壤把植株根部裹住，并用装着石头的麻袋压住。

考虑到水生植物的侵略性，在一般情况下，应努力排除植物群落中的所有非本地水生植物。例如，加拿大水草经常被认为是一个问题物种，充满侵略性，能迅速支配小型水生植物的栖息地并损害其他生物。控制水生植物侵略性的最好办法是在引种之前避免类似物种的进入。但是，具有侵略性的水生植物也不是不能被设计和应用，如果应用与控制得当，该物种群落也能为无脊椎动物和两栖动物提供栖息地，并在补充水体氧气方面作用很大。

（3）边际地被植物

盐水湿地的水域是开放性的，陆地淡水和海洋咸水相互补充。盐水湿地淡咸水交汇的水域边际为生物提供了宝贵的栖息地。这些栖息地可以支持一系列色彩缤纷的野花生长，同时也支持了许多无脊椎动物的生活。建立和维持地被花卉植物的多样性是建造边际植物群落的关键，在初期建设时需要快速覆盖地面以排除不良杂草的侵入。

在确定设计与引入边际地被植物是合理的方案之后，考虑所选择的地被植物品种和营造技术是必不可少的步骤。在品种选择上有两个主要因素决定哪些品种适合种植在特定地点上，即土壤类型和该地的设计目标。

土壤类型：土壤养分状况对其所供养的植物群落有着重要影响。潮湿并且营养丰富的土壤会被如荨麻、芦苇和石楠属等生长迅速的植物物种所占领。降低此类型土壤中的高养分是不切实际的，因此，在该地应选择引入高大健壮的品种，如西洋龙芽草、缬草等。贫瘠土壤更适于低矮且多样化的地被品种，在选择品种上应考虑植物所能承受的土壤pH值，不同的植物群落所能够适应的土壤酸碱性是不同的。莎草和灯芯草是多雨且贫瘠土壤上地被的主要组成部分。

该地的设计目标：在土壤养分适宜的条件下，植物的引种应遵循该地的设计目标。对于植被结构、植物种群的多样性以及可选用植物物种，动物是有其特殊的选择权的。例如，鹅、野鸭和黑鸭喜欢地势低洼且以嫩草为主的草地；小型哺乳动物和许多建巢的野鸭喜欢栖息在丛状的植物群落中，如灯芯草、草丛、鸭茅等；陆地昆虫多选择植株较高且物种丰富的草地。

通常整株植物的引入比使用种子更容易成功。任何一颗种子发展成为整株植物的概率都是很低的。因此，在新建边际植物群落的时候，建议应该从其他已经建立的栖息地移植一部分植株。但在过去的几十年建设中，随着营建技术的发展，应用种子进行繁殖的技术逐渐成熟，如果采用草本植物整块离散播种，应当注意减少种间的竞争，第一年应在植物幼苗周围除草，这将会更好地控制竞争保证植株的成活。为了提高萌芽的成功率，地面播种前应进行耕作，耕作区域可能会涉及更多的公共用途。如设计为野餐功能的种植区应控制耕作深度在400mm左右。一个以禾本科植物为主的草地，播种的最佳时间是8月底～9月底，此时通常有较重的露珠，却很少有霜；与禾本科植物不同，许多香草等香科植物只在春天发芽，3月是播种的好时间，经历一次冰霜，种子就可以发芽了。大多数土壤中都可能已经存在许多多年生野草的种子，如蒺藜，在播种前可适当使用除草剂阻止其发芽和与其他植物的竞争。

（4）盐水湿地生态系统中的乔木和灌木

乔木和灌木被引入到人工环境中已有几千年的历史，本书只讨论乔木和灌木在盐水湿地中的价值和意义。林地是非常重要的栖息地，是天然的隔声屏障，能屏蔽外界的干扰活动，减弱与遮挡强风，林地也是一些湿地物种的重要补充，也可作为许多野生动物的生态走廊。

沼泽和草原植物、树木和灌木的选择很大程度上取决于该地的设计目标和土壤特性。对于乔木和灌木的种植区域应该慎重选择，不要把乔木种在可能会引起结构问题的地方，如防水层顶部或是临近大坝与河道驳岸结构的地方。乔木的根系需要有足够的空间用于生长，因此在播种或移植的时候应该提供植株的生长空间，沿河种植乔木的时候最好保持乔木距离河道驳岸12m的生长距离。

大多数乔木树种是可以从苗圃中获得的，一般来说，规格较小的幼苗是最容易被移植的，在适当的养护条件下，幼苗的生长速度最快并且死亡率较低。相比之下，大树移植无论从工程造价、养护成本、还是成活率等各方面都不如种植幼苗更适宜。乔木和灌木的种植间距受设计用途所决定。灌木应该密集种植以形成绿篱或是屏障，株距可降低至200mm；用于防护作用的防护林，乔木间距可控制在1m左右；而用于提供野生动物栖息地的林地栽培，乔木间距可控制在3m，大的间距能够为其他许多物种提供一个更为广阔的繁殖区域。

在乔木幼苗移植初期，要重视苗木的保育。在已知生存着野兔和鹿的地区，要注意幼苗根部和枝叶的保护，避免动物的过度啃食。根据不同树种的生长速度，要注意保护慢生树种的存活，在慢生树幼苗移植后的前两三年，要在生长季节铲除树苗周边的其他植物，以减少水、光、养分的竞争，其中一个养护费用较低的方法是在种植的时候，在每个树苗附近铺上覆盖物以阻止其他物种的生长，例如橡树林的抚育。

2.2.2　植物操控与管理

大多数对于湿地生态系统的管理都关注的是如何保持植物群落结构和维持植株生长。本书的此部分内容试图基于食物网原理探讨各种管理湿地植被的方法。在盐水湿地生态设计中，设计栖息地、恢复食物网是很重要的措施，一些物种对于水生植物的要求较为严格，例如蜻蜓需要有能够生长在适宜水位的植株以供蜻蜓幼虫攀爬和蜕变；而许多水鸟一方面喜欢在有植被的地方筑巢，另一方面也喜欢在无植被的驳岸上休憩并在水中觅食。一些动物的挖掘活动能够促进植物碎屑的分解，增加湿地土壤的透水性，从而提高植被的生物量，稳定生境的平衡发展[15]。因此针对不同的设计目的和现地要求，在对植物的操控上操控水位及减少侵蚀采取的措施也是不同的。

1. 操控水位及减少侵蚀

水位的控制为湿地管理提供了很多好处，同时敏感的水位控制也是最简单和最有效的管理湿地植被的工具。大多数湿地植物都将会受益于特定的水文状况，部分植物由于无法忍受水位变化或涝死或枯死，因此每次水位管理控制都将使得一些植物受益和一些物种被限制。

陆生植物通常不能容忍水涝，在5月或6月连续2～3天的水涝就可以淹死植株，但部分高大的、健壮的植物，如荆棘，则需要长期或反复水淹才能使其死亡。利用水位操控设计"鸭沼泽"就是一个"生物操控技术"在湿地景观设计中的应用体现。设计建造一个凹浅的盆地，坡比控制在1/20～1/100，如此的缓坡才能保证水位下降时有大面积的潮湿河泥存留。盆地在冬季时达到最大值平均可容纳水深0.3～0.4m；在夏天进行排水管理，露出泥土，促进一年生植物的生长；春天和秋天通过控制水位可以达到对湿地植物的操控，部分陆生植物死亡，种子和无脊椎动物得到释放。该盆地的设计为涉禽类和野鸭等提供了觅食条件，冬季，水位以上的岛屿可作为越冬野禽的觅食之处，也可以通过铺设木瓦来吸引金眶鸻和燕鸥筑巢或种植供野禽食用的植物来吸引野生动物。

自然生长的水生植物其根系均生长在水里并且生长能力旺盛，通过有足够面积的漂浮在水上的叶面维持正常的新陈代谢。因此从理论上讲，如果此类物种的生长季是在洪水的高峰期，叶面被水涝淹没，那么就会造成植株的死亡。对于普通芦苇丛来说，大规模的死亡一般发生在持续洪水泛滥一周之后。高大的水生植物如成熟的芦苇或香蒲其植株能够长到3m，如果需要通过水位控制来操控其种群的生长是不切实际的，并且，由于芦苇强大的根系和萌蘖性，如果试图希望在芦苇新芽生长的时候进行水淹以达到控制种群的目的也是不太容易的。由此，经过实践，改进的方法可以采用在芦苇生长季节将植株剪短，然后用控制在300mm的提升水位进行淹没，如果把植物高度剪到水下则能控制植物种群，当然这不是一个简单的植物操控技术。

水位控制也可以被用来防止突发生长的植物种群。如前所述，这些物种的种子需要潮湿的泥土来发芽。因此，根据物种的生长规律，可以在5月～6月初通过水位操控淹没种子，从而阻止种子的萌发过程，而更高的水位（一般＞150mm）可以在6月用来杀死水生植物的幼苗。在初夏利用水位操控和锄草是最有效的植物操控措施，但这些措施有可能会造成与在其间筑巢的鸟类之间的冲突。5月份快速抬升的水位可能会导致许多巢穴和鸟窝被淹没，因此要在水位操控之前通过现场勘查将水位控制到一个适宜的位置。在秋天或冬天割下可能被淹没的植被以阻止动物筑巢，然后从3月到筑巢季节保持适当的不变水位（根据动物物种的不同，筑巢季在6月初～8月不同）。

对于水位的控制通常情况下是指对于水流进入或是离开湿地的控制。如果湿地的水体完全是由地下水构成则对于水位的控制很难达到，如果盐水湿地中存在相关联河流或溪流补给水流的情况，则可根据实际情况采用水位控制达到一定程度的生态修复和设计作用。有三种主要的水位控制技术可以用于盐水湿地的水位操控中，即设计使用水闸控制湿地与相邻河流的连接、在盐水湿地外滩且高于湿地的区域设计生态水库用于水位控制以及使用移动水泵。

水闸的设计与使用有多种形式，采用何种形式应根据特定盐水湿地的设计而确定，在设计中所需考虑的因素包括：所需调整的水位、所需深度和范围、监督人力或闸机、流量以及可能会出现的波动和程度、水体沉积物以及植物生长产生的堵塞等。在渗流高发的区会有侵蚀现象的出现，因此对此区域水闸管道周边应采用石头和混凝土进行保护。狭窄的管道可能会产生阻塞，因此，水闸设施应定期检查，有条件的地方可恰当地使用铁丝网来防止水体中的沉积物进入管道，这也是一种最安全的方法。在设计新的盐水湿地时应考虑风暴以及洪水所产生的影响。面对风暴洪水，水闸的使用会受到影响和限制，因此在修复设计中应考虑设计另外一条溢洪道。在确定溢洪道的参数时应该考虑一定数量的因素，包括下游区域的容积、湿地的存储容量、风暴频率及时间、水闸容量等。在溢洪道选址上则要考虑尽量保护溢洪道免受侵蚀。

水坝与驳岸的设计也是控制水位的常用方法，主要是利用水坝与堤岸的拦截水功能。水坝的复杂性根据水的体积而定，当水坝高超过4.5m以上则必须通过具有合格资质的工程师设计才能用于工程之中。对于所有小型的水坝与驳岸的设计应遵循的原则包括：坝顶应至少高于正常水位1m以上；水坝基底宽度应至少是坝高的5倍；新建或是重新加固的水坝其坡度不得陡于原有水坝，以减少水流对坝体的侵蚀；干涸的水坝驳岸可以陡峭，坡比最高可达1/2；水坝的形态可以采用新月形，凸面朝向水体，由此可以阻挡大量水流；水坝的防渗是工程的重点，在选材上应慎重考虑。

水泵的使用是运用了离心力的原理来排除湿地中多余的水体。这种技术在对水位控制的速率上比其他方法有更好的控制能力，但是庞大的资金和成本支持会使其应用受到限制。在盐水湿地的水位管理中更环保的选择是使用风泵，能够有效利用海风作为能源。

在新建与修复盐水湿地时，可采用一定的设计步骤以达到减少和控制波浪侵蚀的作用。这些步骤和方法包括：尽量缩小湿地沿盛行风风向的长度，清楚的盛行风风向的定位，这些有助于避免设计顺风向的驳岸，从而减少长波浪的形成及侵蚀；设计时尽量合并岛屿，减少分散且数量多的岛屿设计从而减少水流侵蚀面；减少裸露的海岸驳岸，海滩是受侵蚀严重的区域，因此应该尽量减少海岸的裸露，水生生物的栖息会减少海水对驳岸的侵蚀；种植乔木和灌木形成防护林可以有效修复湿地生态并且减少裸露海岸的侵蚀。

乔木、灌木所形成的防风林与设置固体障碍设施相比在阻挡风沙侵蚀方面非常有效。防风林可以吸收更多的风能并且形成一个均匀和减弱的顺风气流。一个适度密集的防护林在逆风时的减速区域能延伸到其高度的2～4倍，而顺风时能达到高度的30倍。防风林的效用不可避免地会随着距离的增大而减弱，但是一个设计良好的高度在10～15m的防风林可以提供有效的防风距离长达200～300m。用来减弱风力的树枝和树叶的最佳密度是提供50%～60%的阻碍，可以种植几排枝叶繁茂的品种来达到这种效果，如针叶树与阔叶树的配植。事实上，一个防护林应该是由根部浓密发达而顶部稀疏的品种组成，由此能够确保在最需要的地方最大限度地保护水表面的平静，而更茂盛的防护林的上层有助于防止风涡旋的形成，因此，较为有利的方案是建立一个良好的演替层，换句话说是种植足够多的行数，并使不同的植物具有不同的生长年份。风在防风林中间的通道和边缘会不断聚集，在那些区域中形成高速风和风湍流，对于此问题可以通过逐渐减少边缘地区的种植密度并且采用S形种植的方法来克服（例如通道路线的设计）。树木投下的阴影（与其他高大物体一样）会降低温度并减弱光线强度，影响植物的生长，冬天受阴影影响时间最长，在育种、生长季时阴影的影响会更大。因此在考虑防风林种植方向时除主要考虑风向之外，也要考虑植物的生长受阴影影响的程度。大多数乔木的树叶都含有单宁酸和其他毒素抑制它们的腐烂分解，因此叶子保存的时间因物种的不同而大相径庭，柳树叶比其他大多数树叶腐烂速度快，树叶掉落水中并腐烂极易产生污染水质的沉淀物，因此种树时最好远离水岸。树木的种植会使水域产生一种被包围的感觉，而许多水鸟更喜欢一个相对开阔的环境，那样它们就能够更好地躲避潜伏在附近的肉食动物，在为鸟类修复和设计栖息地时应优先考虑乔木种植的因素。几乎大型的防风林都是种植在水岸线30m以外，并且以灌木及如同柳树这样矮小的树木为主。乔灌木种植应该与当地的景色相互融合，树木不是所有湿地必需的组成部分。例如，涉禽类习惯栖息的盐水湿地通常缺乏木本植物。防风林的设计如图2-4所示。

图2-4 防风林设计示意图

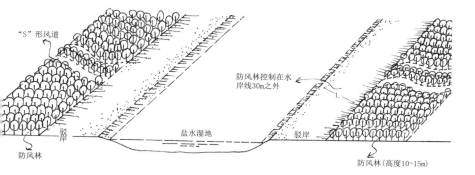

"S"形风道

防风林控制在水岸线30m之外

驳岸

盐水湿地

驳岸

防风林

防风林（高度10～15m）

　　几乎所有的驳岸斜坡都会受到波浪和水流的侵蚀，任何陡峭或无植被的驳岸还可能受到降雨所造成的侵蚀。在减少水流造成的侵蚀时可以考虑重新划分堤岸来创造一些更长更浅的斜坡；通过建造一些小岛等来修改湿地结构以减少河堤前风浪区的长度；在堤岸上附着一层吸收或减弱波浪冲击力的材料；构建一个近海防浪墙以降低波能。用来减少波浪侵蚀所设计的障碍物不仅能够帮助保护海岸线而且还可以提供鸟类和其他动物觅食的安全水域。

　　2. 锄草和放牧

　　以禾本科、莎草和灯芯草占主导地位的栖息地，一般通过锄草或放牧来进行维护。在这类栖息地中大多数的禾本科和莎草科植物是多年生植物，因此通常不会因为与一年生植物竞争而产生死亡。但是，如果不进行养护管理，这类栖息地却能很快变得矮小和没有营养。锄草可能是更精确的选择，根据目标物种的不同锄草有时间、面积及高度的控制，同时锄草也可以被广泛用来控制各种植被类型。从另一角度看，精度不一定只是优势，许多动物物种，特别是多数无脊椎动物则需要生存在通过自然放牧而形成的不规则植物群落结构中。在现实实践中，技术的选择往往取决于实际问题，例如现场调查和植物操控费用的投资。某个栖息地，当地的居民是否有再这片土地上放牧的意愿，如果没有此意愿，则锄草可能是唯一可行方案。

　　通过实践可总结出一些与锄草和放牧相关的注意事项。

　　（1）时间。进行操控的时间必须兼顾现场条件（特别是湿度）和该地的设计目标。对植物的操控或恢复草地植物群落与简单的维护相比对技术的应用是非常不同的。对于生命力顽强、富有侵略性的植物，最佳的锄草或放牧时间应该是在该物种生长最旺盛的时期，通常是开花之前，但这一时期可能会与野生动物的利益相冲突，因此在制定方案时需要综合考虑并根据设计目标综合制定方案。

　　如果管理的目标是保护植被，则锄草或是放牧的时间最好集中在群落中的重要构成植物开花和种子成熟之后。通过具体实践，对于经过一整个冬季生长的植被，通常在早春（3月下旬）进行轻度的锄草和放牧，其主要的锄草和放牧时间是在早秋（9月～10月）。对包含多物种的植物群落进行植物操控时，为鼓励特定植物的生长和其种群的扩散，应该选择性地进行锄草或是放牧。

　　锄草是传统的芦苇丛管理操控方法。锄草有利于清除芦苇丛中的垃圾堆积，并且切割下来的芦苇可以用作其他用途，例如作为茅草屋的屋顶。在芦苇干枯、地面干燥的时候（大约在每年11

月初）进行除草是最容易和最有效的。芦苇的生长发育受益于冬天的水浸，使得植株避免了霜冻又杀死了其他物种。经过不断实践，保护芦苇丛健康生长发育的一个较为理想的方法是在10月份不对其进行水淹，11月迅速锄草切割之后再进行水淹。在实际操作中，可以将芦苇丛划分成一系列小体块，在考虑水文、排水条件的情况下轮流切割。

（2）锄草。对于小区域（<0.5hm²）的锄草较为经济的方式是使用电动割草机、普通割草机和长柄的镰刀进行人工锄草；较大的区域则需要机械如拖拉机牵引切割机进行锄草。如若需要操控的区域不平整或是存在较多丛状植被，进行锄草则较为困难，需要使用电动割草机或是灌木铲除机。在浸满水的地方使用普通拖拉机是很困难的，只有当现地条件即土壤的承载力足够强的时候才能进行拖拉机锄草。

在进行锄草作业的时候需要提前把可能伤害到刀具和机械的石块和杂物清除干净。锄草是对现有的多物种草地群落和苇地的最好的管理方法。传统的锄草切割是在6月底～7月中旬，如果推迟到7月底即大多数植物已经开花、草地成熟的时候再进行则较为不合理。

为了降低锄草造成的小型哺乳动物和鸟类的死亡，必须从中央向外进行锄草。对于大区域的植被操控，应该保留群落的边缘，有条件的情况下则应设计和保留群落带，以保证无脊椎动物或是小型哺乳动物的生存栖息地和活动通道。

（3）放牧。小区域（<0.5hm²）是不适宜采用放牧进行植物操控的，难以控制放牧的精确度。而较大的区域对于放牧是具有吸引力的。大部分牧区都不受斜坡和不规则地形的影响，较重的动物在进行植物啃食的时候可能会引起地形的变化，特别是在潮湿的环境中，例如绵羊的不断走动和行进可能会造成土地和路径的斜坡。

通过放牧能够促进丛状植物群落的生长，而这些丛状植物群落是喜爱筑巢的野鸭和小型哺乳动物喜欢的栖息地。放牧通常是保持草原植物群落作为栖息地的妥善方法，这些草原对盐沼群落如昆虫、无脊椎动物、小型哺乳动物、鸟类和其他地面筑巢涉禽类有很大的价值。

通过放牧进行植物操控要比锄草需要更多的准备，例如要在放牧前设置界限以控制动物的活动范围，在放牧的草地和植物群落中要保持适当的水源。放牧密度根据具体草地的特点而设计和制定，植被的生长状况受土壤养分、水文状况、季节和气候等因素的影响而不同。一般来说在草地上间隔放牧较长的时间比密集放牧更有利于植被的保育。如果植物群落被较多的具有侵略性的植物所占据则需要较高密度的放牧，牲畜可以非常有效地促进植物群落的恢复管理，它们不仅是取食植物，而且通过它们的践踏也有助于分解落叶层，减少密实覆盖层的形成。

对于放牧所使用的动物也是根据群落及区域情况有所选择的，不同品种的动物有不同的食物偏好，动物的体态、行为、活动场所要求等都是不同的。一般牛是最适合湿地植物群落的，但是牛通常体格较沉重，往往会损害到草地。在设计放牧作为植物操控方法时，选择动物应咨询动物或是农业顾问并遵循其指导。

3. 修剪与燃烧

修剪包括砍伐树木和灌木丛，促进植株再次发芽，即使是有病害的树木（除松柏类），有从被砍下的树桩上再生的可能性。每隔几年修剪树木和灌木丛可以促进植物茎叶的生长，在视线受阻的地方，此技术是非常有用的。修剪也可以用来延长快生树种的生长寿命，如赤杨。一般情况下，修剪是在冬天进行的，对于大区域的植物群落，修剪是必要的植物操控手段，可以通过修剪确保新生长的茎干和枝叶得到足够的阳光，促进植株生长。

燃烧这种植物操控方法通常用来管理湿地中的生态泥泽和水洼。结合锄草和放牧，燃烧有助于防止植物垃圾的形成，减缓植物腐朽物的堆积。但是，燃烧是一种强烈的技术手段，一般情况下不建议使用，在制定植物操控设计方案时要综合考虑、谨慎采用。例如，通过现场勘查，英国诺福克河周边的苇地中许多的无脊椎动物都是可以支持燃烧管理的。燃烧会引起一些植物物种的变化，导致植物群落中物种结构的改变，同时一些无脊椎动物和苔藓类植物容易受到影响。进行燃烧最好是在晚冬，此时大部分植物枯死，地面冻结，从而燃烧只限于地面的表层，燃烧速度较快。

4. 使用大麦秸秆清除藻类

通过实践表明大麦秸秆可以用来防止藻类的大量繁殖。新鲜的稻草可以释放微量的化学物质以抑制藻类的新陈代谢，从而达到控制藻类生长的效果。稻草由于质量较轻，投入水中的时候往往会漂浮在水面上，因此在设计与运用中，可以将稻草挂在尼龙网上固定在一个或多个水生植物上，稻草可以随着风和波浪产生移动，明显提高了稻草的处理效果。

5. 对于捕食者的控制

在制定保护目标时，可能目标物种会受限于优势物种或是与该目标物种存在竞争关系的物种。面对此类问题，最佳的解决方案是选择合适的地点或是减少侵扰物种的栖息地以使得目标物种成为优势物种。例如，如果目标是鼓励地面筑巢的鸟类如涉禽类、野鸭的栖息，就应该注意减少乌鸦对于幼鸟和鸟蛋的捕食，可以通过修剪乌鸦捕食时所需要的、可以用来俯瞰的树枝来达到减少乌鸦栖息地的目的，从而减少乌鸦的捕食。通常在盐水湿地设计中，被选择控制的捕食者大多是食肉动物，如乌鸦、狐狸和水貂等。但是所有对捕食者的控制应该遵循法律，尊重人道，并且要注意确保不会因为人为的疏忽而导致动物的死亡。

2.3　基于食物网原理的盐水湿地野生动物栖息地研究与设计

湿地的景观设计需要达到的目标是多样的，并且在设计过程中所需要容纳的信息和特点也是多元的，因此制定实事求是的设计目标以及达到此目标的清晰合理的计划是一项需要深思熟虑的工作。在此过程中，实际工程实践和经验是非常重要的，尤其是在项目前期和在检查项目实施方案的时候。例如，设计修复一片盐水湿地，必须考虑到此盐水湿地是否能够达到生态恢复的目标，是否能够吸引野生动物，某条满足游憩功能的园路是否会对生境产生很大的干扰，或是设计的游客活动功能是否会干扰到自然的生态环境等等。以下即从工程实践的角度出发，探讨多方面的针对野生动物的盐水湿地设计修复、设计及管理。

2.3.1　针对无脊椎动物的盐水湿地栖息地设计

无脊椎动物是背侧没有脊柱的动物，它们是动物的原始形式。包括棘皮动物、软体动物、腔肠动物、节肢动物、海绵动物、线形动物等。

1. 栖息地规模

大多数沟渠都能提供有价值的无脊椎动物的生存环境。广阔的沟渠系统相比孤立的沟渠更有价值。宽度超过2m的沟渠能够容纳更多物种种类，生物演替更迅速。宽度较小的沟渠易受水岸陡度和水深限制。实际上，最小宽度的沟渠往往是用来满足排水灌溉的要求。许多沟渠使用液压挖掘机建成，沟宽适合机器可达到的范围（10m）。

2. 选址

沟渠最合适设计在盐水湿地平坦、低洼的地方，那里有可能已经形成的排水系统和野生生物系统。如果这些栖息地与其他湿地系统相连便更有价值，例如苇地和低洼湿草地。生物多样性丰富的沟渠有一些是在泥炭地里发现的。在有明显梯度的地区，与浅滩和淡水河流相连的盐水湿地比较适合作为选地。

3．河床剖面和水深

理想的河床剖面应与可用水紧密相连。水位波动剧烈的，尤其是那些偶尔可能会变干的水域，其水生植物以及无脊椎动物长势堪忧，不适宜作为栖息地的选址。沟渠全年最小水深为200mm，较理想的是在0.5～1.0m。河床剖面的设计应确保维持足够的水深，可在水位相对稳定的地方，如一个或两个夏季水深维持在100～150mm的岸边。如果水太浑浊，在浅水地区应多种植些水下植物。水供应不稳定的地方，沟渠应该有V形截面集中水流，水深的水域则作为生物的避难所。考虑到排水系统，有可能的话，沟渠应该更大些，来保留残余水，以为水生生物提供完整的生存条件，这种方法还能增强水质，降低维护的成本。

4．其他特点

高水质更有利于野生生物在沟渠中的生长繁殖。检验测试可以纳入管理以改善水质。沉渣、污染物收集装置如苇地、集泥管、沟槽等可以放置在潜在的污染水流处。

应注意在施工过程中在挖到污染物时也要保持水质。河口或是沿海地区，盐水湿地淡盐水水层下面是盐水层，相比淡水湖，适应盐水的物种种类不多。如若是修复性泥炭地，应该避免挖掘任何含铁的区域。

从野生动物的角度来说，适当的遮荫是必要的。设计水渠时应考虑部分交替遮荫，以提供更好的结构变化。芦苇提供的遮荫是有限的，乔木和灌木的树荫较广阔，但要注意树木距离水岸的距离，否则树根的稳定性会降低，无法吸收营养成分，树木的落叶会积聚在水流缓慢的沟渠里，抑制水生植物的生长。

5．其他管理

使沟渠成为野生生物适宜的栖息地，清理植物是必不可少的一步。理想时，每次清除一部分，使得种群可以迁移到清理过的部分，促进结构变化。循环的速度根据植物生长的速率、清理的程度和排水系统大小决定。频繁地清理植被会降低淤泥的利用，不利于沟渠内生物群落的生长演替。根据时间，沟渠内的群落每4～10年清除一次较为适宜。

水岸的管理因目的不同存在差异。一般说来，一个包含高大岸边植物、矮小植被和光裸的土地的混合结构方便放牧或刈草。

优先考虑收割水岸上的植物群落，7月中旬后，再收割高大的、缺少管理的植物，水岸植物群落是小型哺乳动物和两栖动物的通道。

2.3.2　针对两栖类动物的盐水湿地栖息地设计

两栖类动物是原始的变温动物，既具有从鱼类继承和演化而来的适应水生生活的特性，也具有适应陆生生活的特性。在个体发育周期中存在变态过程，幼体用鳃在水中呼吸，成体用肺在陆地呼吸。

两栖类动物皮肤柔软且裸露，对空气湿度很敏感，不适宜在干燥环境或有阳光长期直射的环境中生存，因此适合两栖类动物的栖息地大多是潮湿的碎石中或是浅水水域附近。两栖类动物大多营独居生活，但在特定时段部分物种会有聚集行为，如在春夏两季很多蛙类会聚集在一起鸣叫。多数两栖类动物都具有从水生幼体到陆生成体的生长过程，在栖息地与繁殖地之间存在季节性的迁徙运动。适合于两栖类繁殖的区域包括卵石浅水区、潮湿的陆地洞穴、腐木或是碎石中。

适宜两栖动物繁殖的栖息地：

（1）栖息地规模

通常青蛙在表面积仅为2m²的池泽即能生长繁殖，普通的蟾蜍和蝾螈则喜欢至少50m²的池泽。一般来说，大小在50～1000m²的池泽都有可能吸引几种两栖动物栖息。

（2）选址

如果设计池泽与现有种群距离超过1km以上，青蛙、蟾蜍和蝾螈都不太可能迁移到新设计的池泽区域。在这种情况下，可以通过收集卵（青蛙和蟾蜍）或转移成体（蝾螈）来引进。需要注意的是应根据野生动物保护法案中对珍稀物种的相关许可与认证来进行。

（3）河床剖面和水深

在设计池泽时，其边缘倾斜（坡度≤1/10），最大深度为1.5～2m，春季和初夏可提供大片浅水。此外，深度较大的水域可以设计为水下梯田。足够大的池泽里，边缘河道（1.5m深，至少1.5m宽）要控制浮游生物的数量，使池泽中心在繁殖季节时的水深介于0.1～1m之间。

尽量保证3月份时水位在恒定的水平，这时两栖动物抵达育种水池，8月下旬大多数蝌蚪出现。当水位不能保持时，应逐渐改变边缘的倾斜角度，以保证整个夏天的浅水位。每3～5年，秋季和冬初池泽完全干涸对两栖动物很有益处，因为这样能够减少两栖动物幼体的捕食者，如鱼类。

针对青蛙的栖息地设计如图2-5所示。

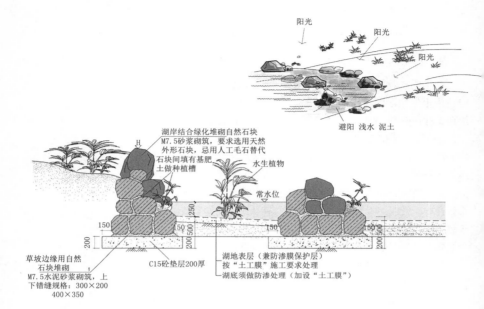

阳光
阳光
阳光
避阳 浅水 泥土

湖岸结合绿化堆砌自然石块
M7.5砂浆砌筑，要求选用天然
外形石块，忌用人工毛石替代
石块间填有基肥
土做种植槽
水生植物
常水位
250
500
150
150
150
200
500
200
200
500
草坡边缘用自然
石块堆砌
M7.5水泥砂浆砌筑，上
下错缝规格：300×200
400×350
C15砼垫层200厚
湖地表层（兼防渗膜保护层）
按"土工膜"施工要求处理
湖底须做防渗处理（加设"土工膜"）

图 2-5 适合于青蛙
的栖息地设计示意图
（单位：mm）

（4）其他特点

水底植物如水蕴草、水毛茛等是重要的产卵着落处和两栖动物的幼体遮蔽物。浮游生物为两栖生物提供了多种捕食选择，但不要使浮游生物大范围出现，至少应保持一半的池泽水域里没有浮游生物。

浅温水条件比较适合青蛙和蝾螈生存，还能加快蝌蚪的生长。树和灌木应该远离池泽，尤其是东南面，以增加阳光的直接照射。

由于两栖动物易受污染物影响，因此在供水时需要取样调查水质。

设计良好的栖息池泽也应该有相邻的植被，方便两栖动物觅食和冬眠。带有茂密植被林地和丛状草地的稠密植被区是理想的栖息地，食物和遮蔽均得到了保证。与池泽有一定距离的栖息地要在两者之间搭建连通、固定、安全的通道（如一个丛状草带、灌木篱墙或壕沟）。两栖动物冬眠时通常在地洞、空洞、堆肥堆、围墙或石腔内，池泽附近200m内应该有适合冬眠的地方。

（5）其他管理

管理主要包括控制浮游生物和及时修补有损坏的地方，手动清除或放牧优于使用除草剂。

2.3.3　针对蜻蜓的盐水湿地栖息地设计

蜻蜓，无脊椎动物，昆虫纲、蜻蜓目、差翅亚目昆虫的通称。一般体型较大，翅长而窄，膜质，网状翅脉极为清晰。视觉极为灵敏，单眼3个；触角1对，细而较短；咀嚼式口器。腹部细长、扁形或呈圆筒形，末端有肛附器。足细而弱，上有钩刺，可在空中飞行时捕捉害虫。稚虫水虿，在水中用直肠气管鳃呼吸。一般要经11次以上蜕皮，需时2年或2年以上才沿水草爬出水面，再经最后蜕皮羽化为成虫。稚虫在水中可以捕食孑孓或其他小型动物，有时同类也互相残食。成虫除能大量捕食蚊、蝇外，有的还能捕食蝶、蛾、蜂等害虫，实为益虫。

蜻蜓一般在池泽或湿地水边飞行，幼虫（稚虫）在水中发育。成虫在飞行中捕食飞虫、食蚊及其他对人有害的昆虫，但食性广，所以不能靠它专门防治某种虫害。

适宜蜻蜓繁殖的池泽：

（1）栖息地规模

$10m^2$的池泽会吸引一些常见的物种，如蓝晏蜓，但大小$50\sim500m^2$为最佳。

（2）选址

池泽应该在距离现有水域1km以内，尽管一些如红蜻蜓的物种可以飞行得更远。池泽不应该位于树木或灌木遮荫处。

（3）河床剖面和水深

池泽形状最好为长而窄的曲状，这为雄性成体增加了潜在的领土。理想时，在夏季水深达0.4m时，池泽边缘应有木架支撑浮游植物，在中心的最高木架达到1.5m。深水区为幼虫提供了在干旱或冷天气时的避难所。浅水应该集中在池泽河岸线的南部和西部以得到充分的阳光。在足够大的池泽里，可设计边缘通道，通道设置在木架与池泽边缘之间，水深$0.3\sim0.5m$的位置。深水区阻挡浮游生物侵犯，浅水区支持水下和浮叶植物。

针对蜻蜓的栖息地设计如图2-6所示。

（4）其他特点

栖息地边缘的木架上应种植一些浮游植物，如刺枝荸、香蒲、黄菖蒲和荸荠。在水深$0.2\sim1m$处生长的水生植物包括角苔、伊乐藻和眼子菜属等水草。池泽周围应该有野生的草本植物，还应有矮灌木丛（$2\sim3m$）形成的防护林，防护林在池泽后$20\sim30m$，与风向对齐。防护林的设计将在毗邻池泽的地方产生一个受保护

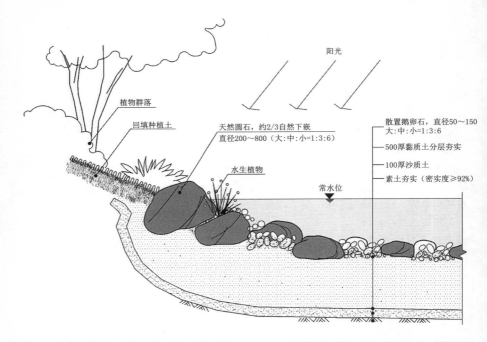

阳光

植物群落

回填种植土

天然圆石，约2/3自然下嵌
直径200～800（大：中：小=1:3:6）

水生植物

常水位

散置鹅卵石，直径50～150
大：中：小=1:3:6
500厚黏质土分层夯实
100厚沙质土
素土夯实（密实度≥92%）

图2-6 适合于蜻蜓
的栖息地设计示意图
（单位：mm）

的区域，这对新"移居"过来的蜻蜓躲避被捕食很重要。需要注意的是灌木不应该太靠近水，否则阴影会影响水生植物的光合作用。水质很重要，不同种类的蜻蜓耐水污染物程度各不同，水质差会影响物种多样性。鱼和水禽是主要的捕食蜻蜓幼虫的生物，所以池泽里不宜有太多的鱼类和水禽的种群。蜻蜓的很多种类对于产卵地有很严格的要求，例如，蓝晏蜓和其他一些物种在暴露的泥土中排卵，所以水岸线某些部分应该保留大片开阔泥土。

（5）其他管理

浮游植物应控制不超过池塘面积的1/3，尤其是较浅的内部地区。当浮游植物占池塘面积超过1/3时，应及时清理。矮灌丛充当挡风墙的作用，沟渠也是蜻蜓良好的繁殖栖息地。

2.3.4 针对鸟类与水禽的盐水湿地栖息地设计

在40多种国家一级保护鸟类中，约有1/2生活在湿地中[16]。包括海鸥在内的大多数陆地建巢的水鸟都更喜欢在岛屿上繁衍，因为岛屿为它们提供了安全的保障，避免类似于狐狸这样的食肉哺乳动物的威胁。许多水鸟尤其是水禽更愿意在岛屿上定居，在盐水湿地为鸟类设计的栖息地中能保证水禽在恶劣天气里安全繁衍后代是很重要的。岛屿可以提供非常有效的障碍阻挡波浪侵蚀，可以用来增加海岸长度、地表面积比率，这可能让许多动物受益，并且岛屿能够提供更好的视觉外观。在对河口滩涂的调查中可知，围垦是影响湿地生态环境变化的重要原因，过度的围垦造成河口滩涂以及盐水湿地的萎缩，堤外的自然滩涂变窄而使得潮水逐渐淹没滩涂和潮上坪[17, 18]。基于生物学家对鸟类的形态学研究，湿地鸟类的形态特征和生活习惯决定了鸟类不能够在过深的水域取食和栖息[19, 20]，因此，由于滩涂的破坏与消失，潮水的淹没逐渐蔓延，鸟类将被迫迁徙到其他可利用的滩涂[21, 22]。

1. 栖息岛屿设计

根据盐水湿地中鸟的不同种类，其栖息地的位置、大小、形状和地表物质也有所不同。

一个孤立的面积小于$0.5hm^2$的水域一般吸引鸟和水禽的种类比较少，常见的有黑水鸡、野鸭等。因此，在这样的水域中的岛屿对鸟类的作用比较小。在小水域的湿地设计中，岛屿的布置应慎重考虑，以免限制整个布局影响其他更适合的物种生存。

通常情况下，离海岸越远的岛屿越受鸟类的青睐，特别是需要建巢的野生禽类。在设计中要注重岛屿的外观，外形要让鸟类和肉食性哺乳动物们看起来都像个岛屿。设计建造一条4m宽的沟渠就可以有效地阻挡几乎所有的狐狸，但可能阻止不了白鼬、黄鼠狼、水貂和老鼠等游过去。岛屿栖息地附近应有合适的湿泥和潮湿的草地，这对于雏鸟的喂养是很重要的。

岛屿的设计可以与植物的种植同步进行，这样可以减少日后管理的负担。群岛也可以由一个现有洼地发展而成，低洼、扁平的岛屿通常是最吸引鸟类的。岛屿理想的截面是：表面平坦、周边能抵挡波浪作用而顶部区域能够防洪。这样的岛屿形状可以给鸟类提供安全的筑巢区域。由此，岛屿的最大高度与潜在海浪的高度有关。但在实际操作过程中，许多岛屿是简单的堆砌，外形尖耸，形式像山却不能吸引较多的野生动物。

为让鸟类更好地使用岛屿，可在设计时提供一些相应的捕食区。实践研究表明野鸭的捕食区离巢的距离越近雏鸭的存活率就越高。因此，可以设计浅滩、避风海湾或小池泽等（图2-7）。

岛屿的大小根据鸟种类的不同是有所变化的。领土意识很强的鸟类物种，如反嘴鹬，可在提供的几个岛屿上高密度地生活而不需要更大的面积。高密度聚居的海鸥则常见于更大的岛屿之上，面积较大的岛屿通常拥有更丰富的土壤和地形，更适合各种植物生长，

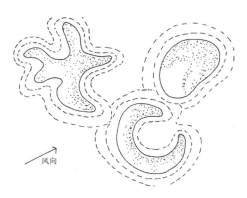

风向

图2-7 适合于鸟类和
水禽栖息的岛屿形状
设计示意图

在设计中应选择合适的植物以使得目标物种在那里筑巢。但是大的岛屿可能也会生存有本土肉食性哺乳动物，这些动物很可能捕杀鸟类，在设计中依据食物链原理可研究采取一些控制措施。

鸟类选择什么类型的环境筑巢取决于鸟的种类。许多野鸭会选择在茂盛且又长又软的草丛中建巢；凤头麦鸡喜欢在矮小的草皮上建巢；红脚鹬喜欢高矮不齐的草丛；长腿的水鸟、海鸥以及一些善飞的水鸟更适合于在沙石岸等开阔的地方筑巢。

岛屿建成后应尽快种植相应的植被。营养丰富的淤泥最好不要用作表面基质，因为它们会繁衍出各种杂草，如狗尾草、火草等。在植被建立起来之前，有必要使用网这类设备使鸟类远离这些岛屿，因为许多鸟类会吞食刚种下的种子，水鸟也会踩伤植物嫩芽并将黏土踩实。

2. 漂浮岛屿设计

漂浮的木筏能够实现向深水和水位起伏不定的水域引进岛屿设计。虽然木筏很容易使用日常材料建造，但大型结构的木筏则需要精心设计以确保它们有足够的强度和充足的锚固方式。木筏通常都很小，不能像天然的岛屿那样支持同样范围的鸟类。但是木筏也可以用来承载一些水鸟，成为它们的栖息地。如在英国一些地方常用木筏来安置燕鸥。

浮岛的设计有很多方式，经常受限于所使用的材料。浮岛设计中最重要的要求是强度和浮力。经过研究与实践，列举三种已成功应用的浮岛设计方案，如图2-8所示。

燕鸥栖息的浮岛在一些地区已被证实较为成功，实践中的燕鸥已经接受了浮岛的使用。一个3m×3m的浮岛能够同时支持10个巢。经过多年不断的改进，在浮岛的设计中加入了一些篱笆网来阻止其他鸟的进入，也防止小鸟掉下去。浮岛上一些斜坡的设计可以使得

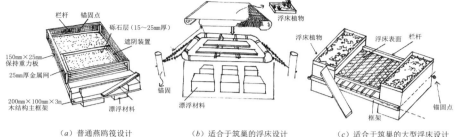

(a) 普通燕鸥筏设计　　　(b) 适合于筑巢的浮床设计　　　(c) 适合于筑巢的大型浮床设计

图 2-8 浮岛设计示意图

掉下的小鸟再爬回去，同时，一些低矮的庇护场所可以使它们躲避太阳照射和肉食动物的攻击。浮岛设计主要是在静水中为鸟类提供栖息地，在冬天必须将浮岛拉上岸以减少风暴对它的破坏。安装一个良好的浮岛，其工作量不容低估，浮岛通常很重而且需要用非常结实的方式来固定，这些都需要在建造前认真考虑与研究。

　　3. 鸟类的巢穴设计

　　许多种类的鸟通常会利用树上、悬崖或墙壁上的小洞来筑巢，蝙蝠的繁衍和栖息都在洞里。所有这些物种都可能会接受人类所提供的大小和形状合适的人造巢穴（主要是箱巢）。大多数在洞中建巢的鸟都是林地鸟类。在缺乏古老、腐烂木头的盐水湿地中引入这种鸟箱总会给这类物种以帮助。最可能的居住者是数量巨大的蓝山雀，他们使用标准的带有圆形入口的盒子，入口直径 25～28mm。一些跟湿地关系更紧密的鸟类，包括河乌、夹杂着灰色的鹡鸰以及鹪等，将会有机会使用放置在水边的前端开口的鸟箱（图2-9）。

　　另一类可能受益于人造鸟箱的湿地鸟类是一些较小的鸷鸟，如红隼。这些物种为肉食动物提供了大部分食物，并能在粗糙的草地上找到食物，为这些物种设计的大箱子可以放置在树上或合适的木杆上。

　　翠鸟和沙马丁鸟可以在人工堤岸上建巢。通常情况下，河岸应该使用鸟类可以翻动的材料建造，如黏土或混入 1% 沙子的黏性灰土。在河堤上放入短管子可能会很有用，可以吸引经常在兔子窝穴安家的翘鼻麻鸭，这类动物的窝穴可以安置在浅水区的河岸或土丘上的人造洞穴中，其他大多数野生禽类是通过湿地植物筑窝而不是用鸟箱。

　　4. 针对涉禽类的盐水湿地栖息地设计

　　涉禽往往指长脚的涉水鸟类，如鹳和鹭，属鸻形目。大多数涉禽类的栖息地都分布在沿海湿地，温带的涉禽类大多是迁徙鸟类，热带的涉禽类大多是留鸟类。涉禽类的觅食习惯根据各物种

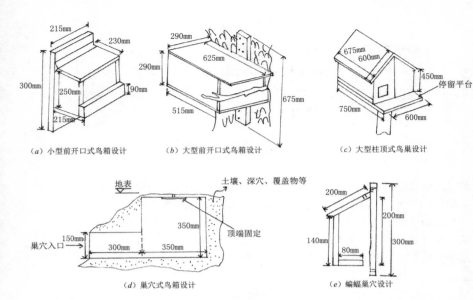

（a）小型前开口式鸟箱设计　　（b）大型前开口式鸟箱设计　　（c）大型柱顶式鸟巢设计

（d）巢穴式鸟箱设计　　（e）蝙蝠巢穴设计

图2-9 不同设计类型的鸟箱示意图

不同的喙的长度而有所差异，但大多数的涉禽均是捕食从土壤中翻出来的或是暴露在外的昆虫和小型爬行动物。

（1）适合涉禽越冬和迁徙的栖息地

1）栖息地规模

涉禽栖息地的设计规模最好在5hm²之上。如若有包含湖泊和河口的较小区域，面积在要1hm²左右。但对于10hm²以上的面积，则需要精细的考察与规划，否则会因为大风而增加侵蚀，不利于创造适宜水禽栖息和繁殖的条件。

2）选址

选择接近鸟类迁徙路线的区域。沿盐水湿地的驳岸设计少量野生旱地，其在植被良好的状态下也有可能吸引少量的迁徙或越冬的物种。

3）河床剖面与水深

在设计建造河床时，多凹浅盆地和凸起土丘是比较理想的方案，每个凹浅盆地的基底应略有起伏，坡度在1/20～1/100，如此则能保证在水位下降时有大面积的湿泥和水域（<150mL）仍可以保留。冬季时，盆地的平均可容纳水深须保持在0.3～1.5m，以防止基底冻结。设计不同深度的凹浅盆地在冬天的时候可以提供不同的水深，浅水区域水禽可以直接掠食而从中受益，深水区域则为涉禽存储了大量的无脊椎动物作为食物的储备。

　　潮湿的土壤和水域可以吸引许多种类的涉禽，在涉禽的迁居期（4月~5月中旬和7月~9月），在水位设计与后期管理时要保证水位的持续缓慢降低。盆地的设计可以保证水位在春天和秋天下降的时候露出动物活动的通道，而在其他丰水期被淹没。在盆地设计中应保证至少有两个或两个以上的水域，这些水域被轮流排放干净，以保证总有充满水的水域可以作为无脊椎动物的栖息地，从而满足涉禽的食物来源。水域的排放每年可以安排在4月~7月排尽第一个水域，8月~10月初排尽第二个水域，在没有涉禽筑巢的地方可以提前至5月底和6月，以抑制植被的生长。而在无法控制水位的水景中，河床依据不同季节的水位而设计建造，其水位来源于实际的调研结果，分层的岩床池底和绵延的水岸护坡是常用的设计构造。

　　在水质管理时主要应保证新鲜淡水的比例，物种的多样性与水域的含盐量是相关的，大部分的涉禽喜欢含盐较少的水域，种植水生植物和操控植物生长可以具有降低盐分的作用。

　　涉禽越冬和迁徙的栖息地设计如图2-10所示。

　　4）其他特点

　　为了供养大量的底栖无脊椎动物，湿地的基底应该松软而富含有机物质。河床上层保持0.2~0.3m的泥土为最佳。如果经过前期调研得出基底有机物质匮乏的结论，应该在后期管理中添加成熟的有机质。

　　这些设计的栖息盆地内的植被应该尽量稀疏或是没有，周边的树木和灌木也应当与这些盆地保持适当距离，以保证栖息地地域开阔，在设计中应留出涉禽的飞行线路，并且可以减少以涉禽为主要食物来源的鸟类所栖息的树枝。涉禽对于人和其他外界生物的干扰非常敏感，因此在湿地修复和设计中应该尽量将人的活动保持在最低限度。

　　设计良好的涉禽栖息地应该为涉禽提供安全的繁殖和取食场所。实际操作中应该注意限制风向和风速，如在上风处堆起面包状的地形，覆盖砾石和矮草，这些矮矮的砾石堆（坡度大约为1/50）也可以为金眶鸻等其他鸟类提供筑巢的地点。金眶鸻的领地意识非常强，每一对需要0.2~2hm²的栖息地。

图 2-10 涉禽越冬和迁徙的栖息地设计示意图

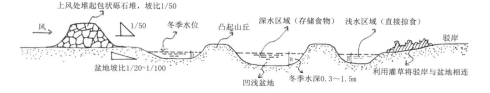

可以在设计中种植灌草将驳岸与盆地边缘（即春、秋两季露出的通道）连为一体，这些灌草的边缘与水接触，形成潮湿粗糙的草地，可以吸引大量的如白腰草鹬等的小型涉禽。

5）管理

除了水位控制，每年的管理还主要包括植被操控。可以通过放牧、冬季和夏季的水淹、人工锄草等方法来清除许多多年生植物，适当清理和控制封闭水域中的鱼也是有益于涉禽的，因为鱼会争夺涉禽的食物来源——无脊椎动物。

（2）适宜湿草地平原涉禽类繁殖的栖息地

1）栖息地规模

规模至少在5hm²，尽量占领一个近乎圆形的区域。圆形区域可以使得被干扰和被捕食的风险达到最小，还可以降低周围树木对于飞行和视野的限制。

2）选址

可在人为干扰少、含盐量适度的淡盐水湿地区域创造栖息地以吸引涉禽类栖息，如红脚鹬、凤头麦鸡等。

3）河床剖面和水深

在大多数的潮湿草地平原，鸟类繁殖后代的整个繁殖期（3月末～6月），地下水位往往维持在高水平，形成网状的地表水域，因此建造此类型的栖息地需要有足够的水位操控能力和导水率适合的土壤。最重要的因素是至少要保持一部分草地表面上潮湿并允许有浅水的存在，以适合涉禽生长繁殖。从7月到10月，地下水下降至地面以下，地面干燥才有利于管理。

在适当的条件下，可以将栖息地设计为脊状纵纹地形，这类地形包括数个联系紧密的起伏洼地，能够保持在冬季的时候大部分洼地蓄有0.3～0.5m深的水。这些脊状洼地边坡梯度大约为1/40，这样在丰水期时，洼地的边缘在水位上下，当水位下降时，地形较低的区域其凹陷地形可以提供一系列90～100mm的浅水区域。在设计中，最好整个栖息地被大约1.5m深的壕沟或水道包围，以防备哺乳动物类捕食者。

洼地的凹陷处，11月～次年2月期间水深保持在0.3m以吸引越冬野生禽类；3月～6月，水位应该降低或一直保持在较低水平，创造出一些浅水区域。脊状纵纹地形的优势在于可以通过控制给水来保持表面的潮湿，而不是仅仅依赖于维持整个地区的水位。夏末时，水位会进一步下降，低于地表水，大部分的洼地可以变得干燥，只留下少部分低于地表的洼地成为浅水区，为涉禽供给饮用淡水。

湿草地平原涉禽繁殖栖息地设计如图2-11所示。

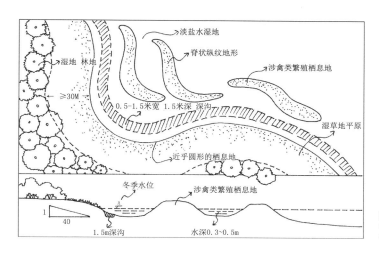

图 2-11　湿草地平原
涉禽繁殖栖息地设计
示意图

4）其他特点

湿地必须提供给无脊椎动物赖以生存的有机物质，在建造时，应该深度挖掘，使表层土中的0.2～0.3m深度松动。表层土最好来源于先前充满水的地方，因为其中含有更多的已经适应该生存环境的无脊椎动物，例如蚯蚓等。需要注意的是在采集土壤时一定不能破坏地区现有的野生动物群落。

涉禽的繁殖需要十分严格的草地结构。凤头麦鸡喜欢小而开阔的草地，而红脚鹬和针尾沙锥喜欢在草丛密集的草地筑巢。繁殖时期的涉禽对于干扰和捕食非常敏感，所以在设计时应尽量保持栖息地周边没有树木和其他可隐藏捕食者或者可供猛禽和鸦科栖息的树枝。栖息地内部的植物群落构造则应考虑植物种群和水生无脊椎动物的喜好。

5）其他管理

适宜的草地可以通过自然定植或播种、锄草以及放牧来建立。一个新建的草地在第一年应该在5月～9月修剪三次，并尽量防止长时间洪涝。随后，当水位下降或低于洼地后（大约从7月～10月），可以在草地上放牧（牛或羊），大约每一公顷两头乳牛。在6月下旬割草，夏末时再进行一次无规则的修剪，以创建一个小而茂盛的草地。在营建栖息地植物群落的时候，较多的杂草物种，如千里光等，应通过去顶、放牧或使用除草剂来控制。在管理中应当经常疏浚以保持沟渠作为屏障。

5. 针对野鸭的盐水湿地栖息地设计

野鸭是湿地鸟类的典型代表之一，属于雁形目鸭科。野鸭是野生鸭类的统称，其种类有数十余之多，喜群居栖息。野鸭大多为候鸟，能够长途飞行，夏季结群栖息于植物繁茂的沼泽湿地，秋天南迁越冬。野鸭属杂食性动物，食物来源包括鱼类、虾类、昆虫、甲壳类、藻类以及植物的茎叶和种子。野鸭喜水性，善于在水中觅食与交配，同时，通过戏水也有利于羽毛的清洁和发育。野鸭天性胆小，警惕性极高，受惊吓时易成群逃避，因此，在对于野鸭栖息地的修复设计时应考虑环境的安全性，减少外界的干扰。野鸭对于温度的要求不高，不怕严寒与酷暑，在零下25～40℃均能正常生活。野鸭在越冬期间开始繁殖，每年两季产蛋，春季3～5月和秋季10～11月为主要产蛋期，进行筑巢产蛋和孵蛋。野鸭繁殖的栖息地主要选择在盐水湿地驳岸或是岛屿上的杂草垛、蒲苇滩的旱地、驳岸附近的洞穴或是树木以及倒木的树洞中，筑巢的材料大多来源于自身的羽绒、蒲苇的茎叶或是干草。

（1）适宜野鸭迁徙及越冬的栖息地

1）栖息地规模：大于$2hm^2$。

2）选址：尽可能设置在已知的迁徙路线上，如淡盐水池泽或其他含盐量较低的湿地生态环境中。

3）河床剖面和水深。创建一个类似于"适合涉禽越冬和迁徙的栖息地"中所描述的凹浅盆地。盆地在冬季的最大水深为0.3～0.4m，河床有100mm左右的起伏。在最大水深达到1.5～2m前，水岸边缘应有大概1/20的斜坡，这个最大水深区域的宽度应该保持在5～10m，宽于被包围的小岛。4月和5月初，水位下降，约有50mm的波动，为涉禽和野鸭提供觅食条件。水位在5月和6月会继续降低，露出潮湿的泥土，以促进多年生植物的定植。夏季植物逐渐成熟，9月份水位一般控制上升50～100mm，淹没水岸陆生植物，种子和无脊椎动物得到释放，这为野鸭提供了大量食物。水位在冬季达到最大值。

4）其他特点。在冬季，水位以上的岛屿可作为越冬野鸭的觅食处。宽而深的水道中的岛屿可以放置木瓦来吸引金眶鸻和燕鸥属筑巢。

（2）适宜野鸭繁殖的栖息地

1）栖息地规模

大于$1hm^2$，尽量小于$5hm^2$，如若面积小但包括了大的河口或湿地也是可以被选定的。野鸭通常选择在面积大于100m²的岛上的湿地中生活。为了吸引区域性强的物种，岛与岛之间至少应有20～30m的距离，或是在沿水岸离散设计岛屿。

2）选址

通常情况下，沿水岸、植被裸露稀疏的岛屿往往较吸引水禽，包括燕鸥、海鸥、涉禽，而植被密集的岛屿则比较适合野鸭。

3）河床剖面和水深

野鸭以大量水生无脊椎动物为食，尤其是摇蚊科。它们喜欢水生植物茂密、基底有机含量高的浅水域。在生态水景设计中尽量为成鸭和幼鸭提供广阔的浅层水域（钻水鸭0.3m深，潜水鸭1.0m深）。通常情况下，浅水域应设计在水岸的背风面。

捕食者不多、相较陆地上干扰少的岛屿对于鸟类的栖息有极大的帮助。至于野鸭，岛屿的边坡坡比应至少倾斜到1/5，岛屿高度最好不要超过水位1m以上，岛屿应尽量设计有绵长的水岸线。野鸭栖息地周围必须有至少2m深、4m宽的壕沟，以防止捕食者和人类的进入。水位应保持在某一水平，防止水灾造成巢穴和摄食区的毁坏。稳定的水位有利于水生植物的生长。

4）其他特点

野鸭群岛需要人工种植及养护，直到岛屿被高大而致密的植被覆盖，例如灯芯草，蔷薇等的灌木也可以使用，但大多数种类的野鸭更喜欢通往巢穴的路上没有阻碍。在春、秋两季，不需要修剪所有的高植被，筑巢早的鸭子，尤其是绿头鸭，依靠前几年生长的茎来遮蔽。理想状态下，植被应被轮流修剪，以保证每年都有足够的没有经过修建的地区。稠密的草地需要合适的基底，岛上的表层土应有200～300mm深是疏松的。

此类栖息地必须及时清理树木和其他高大的木本植物，避免为捕食者提供遮蔽和俯瞰的场所。野鸭易受干扰，其巢穴附近的干扰应尽量降至最低。对于易受侵蚀的岛屿，水岸线可以放置木栅、石块、柳木桩或枝丫材。在设计时还要考虑为野鸭提供通道。人工砾石堆可能是野鸭繁殖的最佳地点，此外，这里还为燕鸥提供了潜在的筑巢地。

适合于野鸭繁殖的栖息地设计如图2-12所示。

5）其他管理

丰富的水生无脊椎动物和大量的摇蚊是野鸭栖息的一个关键因素。这些食物的主要竞争者是鱼，事实表明，水质周期性的变化及用渔网或捕鱼器定期清除鱼能大大提高野鸭的存活率。

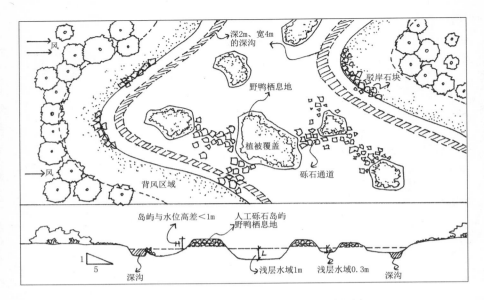

图 2-12 适合于野鸭繁殖的栖息地设计示意图

2.3.5　针对鱼类的盐水湿地生态河床设计

盐水湿地中设置阻流石可通过改变水流流向和水流速度来控制水流对于驳岸与河床的侵蚀，并且可利用阻流石的设置来创建水生动植物的栖息地，尤其是鱼类的栖息地。将阻流石（图2-13）放在湿地生境结构中需要修复与改善的位置，在水流越过岩石的过程中水体中的氧气将会增加，从而创建一个多样化的水生环境。

盐水湿地具有为野生动植物提供栖息地的功能，通过对水流渠道的修复能够提高水流流动速度，减少悬浮在水体中的沉积物质，给鱼类和其他水生生物提供栖息地。安置阻流石等结构提供鱼类洄游通道，为鱼类的产卵和觅食提供场所。为获得较好的修复效果，阻流石的位置非常重要，阻流石的设置会改变水流形成漩涡和回旋将岩石下游冲出坑洞，以保存水生生物，同时，阻流石也能适当地消耗或是减少洪水的能量。选择合适大小的阻流石也是非常重要的，以便抵抗高流速的水流运动。如果河床底部稳定，一块直径0.5m的石块则可以抵抗流速达到3m/s的水流，一块直径在1.2m左右的石块可以抵抗流速达4m/s的水流。对于与湿地相关联的水流渠道中，作为阻流石而用的石块其尺寸大小不应大于渠道宽度的1/5。3～7个阻流石可作为一组，交替交错在河床上锚固，并有至少每块阻流石的1/3被埋入河床中，阻流石应放置在水流渠道中心整体的宽度为渠道宽度的一半，不应放置在浅滩处，如图2-14所示。

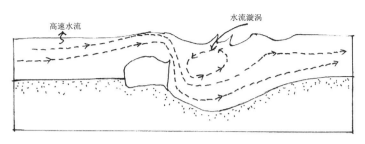

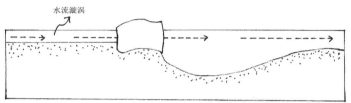

图 2-13 阻流石对水流的改变

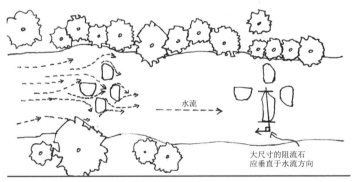

（a）平面图

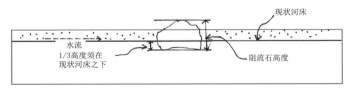

（b）放大详图

图 2-14 阻流石的设置

　　对于阻流石的管理与检查应在流域水位达到高水位之后的一年进行，检查阻流石周边河流浅滩是否存在被侵蚀的地方。如果确定阻流石能够被水流移动则需要调整，以免河流浅滩进一步受到侵蚀。

2.3.6 栖息地之间的联系

在考虑修复与新建盐水湿地时，调查当地已存在的栖息地并评估如何连接或加强这些栖息地是很重要的工作。无论是扩建的栖息地，还是开发的新栖息地，如果周边的栖息地有特别的保护价值，合理的设计就可以增加这种价值。相反，如若忽略调研与评估，新建或开发栖息地则可能给周边已存在的栖息地带来破坏。许多湿地动物栖息地依靠，或者至少受到相应的各种陆地的生态环境的影响。例如，蝾螈需要在长满长草的灌木丛中捕食，在成堆的松动的石头上或土壤中冬眠；野鸭更喜欢在浅草区域吃青草，但通常只会使用那些有开阔水域的地方；而涉禽类更适合在有池泽这样水体特征的高密度的湿草地中觅食。

沿着动植物可以自由移动的地方建立走廊或许可以把相似的栖息地连接起来。Crumpton通过分析湿地周边一定范围内的土地利用情况，建议在修复中应留出足够的缓冲带以保证野生动物的连续生境，并且缓冲带的宽度取决于当地的生态状况与地形地貌[23]。溪流和沟渠散布着湿地植物的种子、动物的卵、幼虫以及成年的水生动物，提供湿地系统最明显的主体路线。在多草的区域，成排的草丛和灌木为两栖动物和小型哺乳动物等提供了通道。某些特性可帮助一些物种繁衍，相反，也可能会对另一些机体造成影响，例如很多陆栖动物不会渡过河水或光秃秃的空旷地区。另一个有效的方法是创造一个完整截面的阶段。许多物种要么住在栖息地的边缘上，要么住在各种相关的栖息地上。因此，一个具有连续特征的栖息地应该从开放的水域延伸至丛林。如果任其发展的边缘足够大，将会迎合较宽范围内的动物和植物。如果在这个地区已经有林地，人们可以选择通过陆地上连续的媒介把它与一种新的水体有机地连接起来。

2.4 以微生物为主体的"生物—生态"修复技术在盐水湿地中的研究与应用

2.4.1 盐水湿地微生物的重要性

在这个地球上生存着数以万计的生物，为了便于研究，分类学者们根据生物的特征将其进行分类。卡尔·林奈（1707～1778年）是第一个分类学者，将自然界划分为矿物、植物和动物三个界。19世纪中叶，随着原生生物的新发现，微生物和真菌也被列入到了自然界的划分中，随后，显微镜的应用使得原生生物被区分开。1969年，一个包括真菌、原核生物、原生生物、动物和植物的五大界体系建立起来。

原核生物是世界上最小的生物，与真核生物相比其种类不多，但是生态分布极为广泛，生理性能也极其庞杂。有些种类能在饱和的盐溶液中生存，有些是完全的化能无机营养菌，以二氧化碳作为唯一碳源。在进行光合作用的原核生物中，有些放氧，有些不放氧。大多数的原核生物是进行有氧呼吸的。在菌类中，细菌和放线菌属于原核生物，藻类中的蓝藻（如色球藻、念珠藻、颤藻、螺旋藻）属于原核生物。

原生生物是最简单的真核生物，部分生活在水中，没有角质。可分为藻类、原生动物类和原生菌类。与原核生物不同，原生生物是复杂的，其结构上更类似于多细胞生物。原生生物界至少包含5万种生物，其不同种群在移动速度、形状大小、捕食策略上都有所不同。包括大量的自养生物和异养生物，即能够自己制造食物或是依靠捕食为生，这取决于生存的环境条件。

在大多数的陆生食物链中，比如森林生态系统或是草原生态系统中的食物链，植物通过太阳能进行光合作用，食草动物以植物为食，食肉动物再以食草动物为食，能量与物质在此循环。而河口生态系统的主要食物链是与此不同的，其食物链是从腐食者开始。在这种以沉淀物为基础的食物链中，很少有食草动物吃植物，大部分植物是因为死亡或是枯萎，其茎、叶等飘落于有异养细菌和真菌生存的河口底部。这些微生物开始分解复杂的植物化合物作为自己生存的能源，同时释放部分化合物和能量进入河口生态系统的循环中。能量以这种方式从植物体中移动到动物种群的分解者中。在盐水湿地和滩涂上存在着数量极大的厌氧细菌，在整个分解植物残骸的过程中，这些微生物可以快速消耗掉土壤中的所有氧气。盐水湿地是动态生态系统支撑的有机整体，在这里，真菌、细菌以及植物品种繁多且数量巨大。微生物微小到难以被看见，但是却是养分的生产、回收和利用必不可少的生物。在盐水湿地生态系统中，每一个有机体都为整个生态系统发挥着重要的作用，也同时是盐水湿地食物链的基本组成部分。一般认为，人工湿地中承担对污染物质吸附和降解的主要生物群体是微生物菌群，其通过与污染物质之间的物理、化学、生物作用实现污染物质的净化，微生物种群对于保证湿地水质净化和维持生态系统有着重要的作用[24]。微生物对水体中的污染物质有着吸收和降解作用，同时还能捕获溶解的成分供其他动植物生长所需[25]。微生物能够净化湿地水质的关键原因在于其对水中BOD、COD、KN等的降解作用[26, 27]。系统中微生物的生命活动是废水中有机物降解的主要机制[28, 29]。通过植物—土壤—微生物的综合作用进行湿地水质的修复，微生物在湿地基质中与其他动植物共生体的相互关系是湿地生态修复的核心之一[30-32]。

2.4.2　湿地微生物数量及分布

在自然界中，氮、磷、碳等元素的循环都离不开微生物，对整个生态环境的作用非常重要。微生物是生态系统食物链中的分解者，同时也是初级生产者，促进着食物链中的物质循环与能量流动。湿地生态系统中的生物呈现多样性，承担分解者角色的主要包括细菌、真菌、原生动物等，大多数属于微生物的范畴。

地球上数量最多的生物是细菌，是以溶解在水中的有机物为食的异养生物。盐水湿地和滩涂是两种细菌类型丰富的入海口。异养细菌在河口的食物网中起到非常重要的作用，它们分解腐烂物质加工成简单的化合物，如果没有异养细菌的工作，生物生存所需要的养分和矿物质将随着腐烂物质离开生态系统。湿地微生物中菌群数量最多的是细菌，平均每克湿地基质中所含的细菌数量可占微生物总量的70%～90%。细菌可将水中复杂的含氮物质转化为供给植物吸收利用的无机氮化合物，对于水质净化有着巨大作用。细菌种类繁多，通常可分为厌氧菌、好氧菌、兼性厌氧菌、硝化细菌等等。研究表明微生物对去除一些特殊有机污染物的降解也发挥了重要作用，如阿特拉津、伏草隆、乙二醇、多环芳烃蒽和荧蒽等[33]。沈耀良等的研究表明，人工湿地培养的优势微生物菌群可达到天然芦苇群落中的水平，因此，盐水湿地水质修复时可以将微生物修复作为主要修复方法。

真菌有些是多细胞（例如霉菌），有些是单细胞（例如酵母菌）。真菌不能移动，由于没有叶绿素不能自己制造食物，只能在生物体上依靠分泌消化酶从生物体上吸收营养成分，真菌强大的酶系统可以将蛋白质分解释放氨气，因此，真菌对于湿地基质中有机物质的分解有着重要的作用。

放线菌在湿地基质中的分布也极为广泛，其种群数量仅次于细菌，促进着基质中有机化合物的分解，放线菌分解氨基酸等蛋白质的能力强于细菌，还能够形成抗生物质，维持湿地生物群落的动态平衡。

原生动物通过消化与分解微生物和碎屑起到调节微生物群落动态平衡的作用，从而达到对湿地水质的净化。

1．人工湿地与天然湿地的微生物分布

不同生境中的人工湿地微生物群落其结构与活力都有所不同，但Duncan等研究显示，人工湿地中的植物根面和根际土中的细菌、真菌、放线菌等菌群数量通常都大于天然芦苇群落。

盐水湿地中的微生物菌群的种类、数量和特性均影响着湿地水体的净化效果。在天然条件和环境下，各类微生物的数量都比较少。湿地中的微生物种群数量随着污染水质的程度而变化，在净化水质时，微生物的菌群数量会逐渐增加，在一定时间内达到最大值并趋于稳定，当污染物质逐渐减少，菌群数量随之也会变小并再次达到稳定。湿地中存在着一定数量的好氧菌和厌氧菌群体，好氧菌主要分布在植物的根、茎之上，厌氧菌主要分布在基质中，但无论何种细菌，对于盐水湿地的水质净化都有其相应的作用。研究表明，各类微生物的数量与污水中的BOD和COD的去除率均有较为明显的相关性，数量越多，去除效率约高[34]。

2．不同植物根区的微生物分布

湿地系统中不同的植物群落，其微生物菌群种类的数量与分布存在差异，并且对于湿地水质的净化效果也有所不同。产生差异的主要原因是环境的物理、化学和生物等因素的综合作用，植物群落根区的特征也影响着微生物的数量及其分布。

物理因素包括湿地内溶解氧的含量和湿地基质的物理特性。不同湿地植物由于根系氧的传输能力不同，湿地内的溶解氧含量也不相同。同种植物的新生根较老根的氧气传输速率快；根尖区（约0～5mm范围内）氧气扩散速率最大，氧化活性最强，越接近茎部，根的氧气扩散速率越慢。此外，湿地的构建基质不同，其物理特性也不同，湿地的微生物数量也会有很大差异。不同深度的基质中含有不同的微生物群落结构，下层比上层的微生物群落的生物多样性和均匀度指数都要高[35]。

化学因素包括湿地微生物或植物释放敏感化学物质对其他微生物分布的影响。Bowen等研究发现，湿地植物根系的某些部位会分泌出抑制甚至杀灭某些敏感微生物的化合物。Seidel等的研究也发现，宽叶香蒲能通过根部分泌出天然抗生物质，降低水体中的细菌浓度，也影响根区微生物的数量和分布。项学敏等研究了湿地植物芦苇和香蒲根际微生物的数量、活性等特性，结果表明，芦苇和香蒲具有明显的根际效应，根际微生物活性高于非根际微生物活性，芦苇根际比香蒲根际更适合亚硝酸细菌的生长[36]。

生物因素包括抗生素、噬菌体以及湿地原生动物对微生物的捕食和寄生。

3. 季节对于盐水湿地微生物分布的影响

不同季节，水生植物吸附微生物的数量有很大变化。通常情况下，春季微生物数量较少，夏季数量达到最大值，冬季微生物的数量又有所下降。从沈耀良等的研究中可知，在冬季，虽然湿地植物的地上部分枯萎，但湿地中各类微生物的数量仍可保持在较高水平，但是与兼性厌氧微生物数量相比，好氧微生物个数有所减少[37]。

梁威等研究发现，秋季和夏季，湿地植物根区微生物数量有显著变化。芦苇、茭白、香蒲与对照系统相比，秋季的细菌总数明显高于夏季，但夏季的真菌和放线菌数量明显高于秋季。至于真菌和放线菌，芦苇等系统在夏、秋两季的差距不大，这说明湿地系统在秋季有较好的净化效果。季节的变化对氨氮的去除有较大影响，其中春、秋季节更有利于氨氮的去除[38]。在温度最高的夏季，湿地的脱氮效率明显提高[39]，但是当温度高于30℃时，反而弱化了湿地的脱氮效果[40]。不同季节，细菌、真菌和放线菌在各土层的分布也存在一定的差异[41-44]。

2.4.3　基于"生物操控"的生物膜法在盐水湿地中的应用

生物膜（biological membrane）是指镶嵌有蛋白质和糖类（统称糖蛋白）的磷脂双分子层，起着划分和分隔细胞和细胞器的作用，生物膜也是与许多能量转化和细胞内通信有关的重要部位，同时，生物膜上还有大量的酶结合位点。生物膜是细胞、细胞器与外界环境交界的所有膜结构的总称。

生物膜法是利用附着生长于某些固体物表面的微生物（即生物膜）进行有机污水处理的方法，是有机污水中微生物沿固体（可称载体）表面生长的生物处理方法的统称。生物膜是由高度密集的好氧菌、厌氧菌、兼性菌、真菌、原生动物以及藻类等组成的生态系统，其附着的固体介质称为滤料或载体，有机污水与生物膜接触时，污染物从水中转移到膜上从而得到处理。在对污染河水的潜流人工湿地中试系统的研究中发现，填料对潜流人工湿地的处理效率有很大的影响，砾石、卵石、页岩填料湿地对受污染水体中总氮、总磷、有机物均有较好的去除效果，其中砾石床潜流湿地运行效果最好[45]。

生物膜法处理有机污水时，生物膜还可以指代那些附着在某些固体表面的好氧微生物。常见的生物膜如表2-2所示。"生物

常见生物膜

表2-2

生物膜种类	1	2	3	4	5	6	7	8
细胞器	线粒体	叶绿体	高尔基体	内质网	液泡	溶酶体	核糖体	中心体
有无膜结构	双层膜	双层膜内有腔	单层膜	单层膜	单层膜	单层膜	无	无
主要功能	有氧呼吸产生能量的主要场所	光合作用的场所	与动物细胞分泌物的形成及植物细胞细胞壁形成有关	粗面型内质网是核糖体的支架，滑面型内质网与糖类和脂质的合成及分泌作用有关	储存物质进行渗透作用，维持植物细胞紧张度	能分解衰老损伤的细胞器，吞噬并杀死侵入细胞的病毒或病菌	把氨基酸合成蛋白质的场所	与细胞有丝分裂有关，形成纺锤体，牵引染色体向细胞两极移动
完成功能的主要结构或成分	在内膜、基质和基粒中有许多种与有氧呼吸有关的酶	基粒中进行光反应，基质中进行暗反应	扁平囊和小囊泡	由膜构成的管道系统	液泡膜及其内的细胞液	多种水解酶	蛋白质和RNA	两个相互垂直的中心粒
分布	所有的动植物细胞中	绿色植物的叶肉细胞及幼嫩茎的皮层细胞中	大多数动植物细胞中，一般位于核附近	大多数动植物细胞，广泛分布于细胞质的基质中	所有的植物细胞中	所有的动物细胞中	所有的动植物细胞及原核生物中	动物细胞及低等植物细胞中，常在细胞核附近

膜（biological membrane）"与"生物被膜（biofilm）"是两种
不同的物质，虽然后者也曾被翻译为"生物膜"，且容易和英文
biological membrane所表示的生物膜混淆。"生物被膜"是指细
菌黏附于接触表面，分泌多糖基质、纤维蛋白、脂质蛋白等，将
其自身包绕其中而形成的大量细菌聚集膜样物。

　　生物膜形成的前提条件是有能够接种微生物的载体物，即填
料。水体流经填料时，水体中的有机物质和悬浮物质会停留在
填料的空隙中，附着在填料之上的微生物依靠消化这些有机物质
繁殖和生长。当微生物菌群达到一定程度时，会在填料表面或是
河床上以及植物根部形成薄薄的一层膜状结构，通常被称为生物
膜。生物膜的形成更够促进微生物对水中有机污染物质的吸收和
代谢，并且菌群数量会与有机物质的多少形成长期稳定的动态平
衡，这种平衡就能促进水体的自我净化。生物膜的形成与温度
有着密切关系，太冷或是太热都会引起微生物的休眠，通常情况
下，20℃的温度条件最有利于生物膜的形成和成熟。微生物与生
态系统中的植物、动物一并构成完整的食物链，生物膜从开始形
成到趋于成熟的周期约为30天。

　　在盐水湿地营建生物膜的过程中，所使用的填料可选择火山
岩生物滤料，其表面粗糙多微孔，比表面积大，这些特点使得
火山岩很适合微生物在其表面生长、繁殖并形成生物膜。从物理
宏观方面看，火山岩载体为无尘粒状，近似球形的不规则颗粒，
粗糙且多孔。火山岩从化学微观结构方面看，其微生物化学性稳
定，火山岩微生物滤料抗腐蚀，具有惰性；火山岩表面电性与亲
水性稳定，其滤料表面带有正电荷，有利于微生物固着生长，亲
水性强，附着的微生物膜量多且形成速度快；作为生物膜载体，
火山岩生物滤料对所固定的微生物无害，无抑制性作用，且不影
响微生物活性。

第 3 章

盐水湿地生态工法研究

3.1 生态工法概述

3.1.1 生态工法的内涵与发展

1962年H. T. Odum等提出将自我设计（self-organizing activities）的生态学概念用于工程中，首次提出生态工程（ecology engineering）的概念[1]。生态工法（ecological engineering methods）又称自然工法，是基于物种保育、生物多样性及生态可持续发展而提出的一种新思维和新的施工技术，其内涵包括杜绝因工程建设而阻碍生物迁徙和繁衍的不当措施，并提醒工程师在设计时除考量工程要求之外，亦要兼顾生态系统的自然要求，以生态为基础，安全为导向，最大程度地保护自然环境，减少对生态的损害。1971年Odum延伸了生态工法的内涵，认为生态工法是一种自然治理的方法[2]。自然即是美之"自然"，而并非指自然界之自然，生态工法应重视自然的自愈能力与人对无限自然的有限了解。因此，生态工法只应用于人工的近自然景观，做最少的干扰并利用管理来控制人为的干扰度。1996年Sim Van Der Ryn和Stuart Cown定义生态设计为任何与生态过程相协调，尽量使其对环境的破坏影响达到最小的设计形式[3]。

生态工法的设计原则包括安全原则、生态保育原则、经济与景观原则。安全原则是指在水利及排洪安全保证下尽量减少槽化护岸构造，维持自然驳岸，以减少人为构造的导入，维持其原有的自然驳岸。生态保育原则是指工程设计应满足生物需求并达到断面的多样性，尽量取之于自然、取之于现地，施工过程应避免对环境与生物造成过大冲击，构造物除应满足工程需求外要能提供适合生物栖息的微栖地环境。经济与景观原则即是在设计中应考量工程设施的经济性、景观性以及环境资源的可持续利用，并结合当地产业发展，避免过度设计。湿地修复设计实质上是对湿地生态系统的修复，是最大限度借助自然力所做的最小设计，是基于自然系统自我机能更新能力的再生设计[4]。在生态工法的研究中，北美、欧洲及日本处于领先地位并制定了详细的自然净化水系统的理论与实践体系[5]。

创造丰富多样且健康的生态环境是生态工法的目的所在。生态健康是指生态系统处于良好状态，不仅能保持化学、物理及生物的完整性，还能维持其对人类社会提供的各种服务功能，一个健康的生态系统应该是稳定和可持续的，随着时间不断地发展且能保持活力和自主性[6]。生态工法是以生态系统的自我维护为基础，亲近自然，通过工程方法的辅助以保护和修复自然的生态环境，维持生态环境的可持续发展。生态工法的选择须考虑现地地质、地形、水文情况、植被情况、生态环境需求（如特定物种的培育保护）、材料取得等因素，但因为相关因素繁多复杂，因此并没有任何一种固定工法适应所有情况，所以必须先加以评估再因地制宜地选择适当方法。崔保山等在对湿地生态系统进行研究和设计时提出了湿地生态工程的方法，引用Mitsch等人的研究，提出湿地基质、生物、水质等各项指标，并对各种生态工程方法进行了比较和实践研究[7]。1938年瑞士人Seifer提出"近自然河溪治理"的概念，提出接近自然并且保持原始景观美的工程方法[8]。1985年Hohmann通过对于各种水流断面、水深和流速的研究，提出了更为确切的近自然修复理念，强调生物多样性的重要性，注重小生态环境多级结构和自然景观的和谐性[9]。生态工法的目标包括对已遭受破坏的生态系统进行可持续恢复和发展新的具有人文与生态价值的生态系统[10]。

3.1.2 生态工法的分类及构造单元

自然稳固的盐水湿地驳岸通常为自然植被良好的水岸。植物是生态工法中不可或缺的重要部分，其不仅具有水土保持的功能，良好而丰富的植被也可提供多样的栖息环境。因此，根据工法中对植物的使用情况，可将生态工法分为工程方法、植生方法与植生混合方法三类。对于湿地的修复工程，根据修复位置和目标的不同，构造单元包括挡土工、护岸工、边坡治理和固床工四部分（图3-1）。

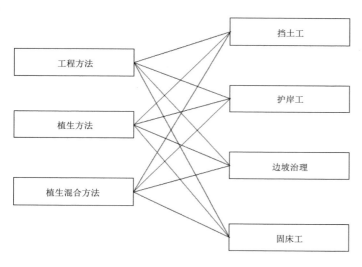

图 3-1 盐水湿地驳岸生态工法构造单元分类图

1. 施工分类方法

工法即为采用土木工程的构造方法达到工程的要求，传统的叠山理水便属于工法的范畴。生态工法是在普通的工程方法中融入生态需求和要求，包括选择符合生态标准的材料，保证环境可持续性的施工工艺等，如结构中采用空隙式设计以利于植物的自然生长和动物栖息地的修复等。在工程中力求避免使用混凝土等人工建材，达到工程结构功能和外观上的生态需求。

种植植物可以减少雨水冲刷腐蚀和稳固坡面，从而达到保持水土的作用。此外，植物根系的分布及其深度可增加地层的剪力强度，植物根系范围越广其效用越大。大多数植物的根系都集中在地表层，根系所提供的最大作用约在表层下1.5m处依然能对坡面的稳定产生正面影响。生态工法中的植生方法即是利用植物自然生长的保土作用和稳固性达到工程所需。需要注意的是生态工法中对植物的利用并不是限定植物的自然生长状况，而是利用天然的生命材料通过编栅、打桩、扦插等方法应用到工程之中，保证所有工程措施都是在植物生长范围之内进行的。

植物生长的稳固性能够一定程度地抵抗水流对驳岸的侵蚀和保持地层的稳固性。但其稳固作用有一定的限度，如若水流量大、流速快、侵蚀受力严重，则植物自身也有可能因为受到冲刷而死亡。植物根系对驳岸的稳固作用能够控制在覆土的1.5m左右，如果现地条件中存在水流侵蚀或是坡度陡峭则需要借助挡土固土的构造来加固稳定，这种措施也有利于植物的存活和生长。通常情况下，植物可以与有空隙的挡土工结合使用，不仅植物自身具有防侵蚀冲刷的生态功能，同时也能够加固挡土工的稳定性。

2. 湿地驳岸构造单元

湿地中挡土工的使用多是为应对和处理湿地边坡坡度较大的问题。在修复设计时应基于对土质和现地条件的调查研究确定工程方法，从生态工法的角度，采用具备空隙的重力挡土结构要远远优于使用大量钢筋混凝土浇筑的构造，空隙的存在能够使植物或是植物的枝条在其中生长，同时也为动物提供了筑造栖息地的可能性。对于挡土工的结构稳定性的分析与通常的土木工程挡土墙的分析步骤相同，需要核算基础承载力、倾倒和滑移等，只是在材料选用和施工工艺上略有不同。

盐水湿地中的护岸工多用于保护驳岸防止其受到水流冲击和侵蚀。传统的护岸工多采用石料堆砌或是混凝土浇筑的方法，在安全性能上有所保证，但是极大地破坏了驳岸应有的生态功能，如水陆之间物质与能量的交换界面，为动植物提供栖息地等。因此，在生态修复中，采用生态的护岸工法是非常必要的，在材料的使用上力求天然，结合生态理论和生物技术将工程应用到整体的生态系统中。如依据驳岸的构造特点和水域的水文特性，采用活体植物、木料、石材等天然原料，运用笼、筐、抛石等方式创造多空隙的构造，固定驳岸的同时也为鸟类、昆虫、鱼类和植物等提供了适宜的湿地环境。

边坡整治是指应对由于边坡过高、过陡或坡面裸露时，降雨冲刷或地表径流所造成边坡破坏或侵蚀的工法。由于边坡位于水位线之上，不具备直接抵抗水流冲刷和侵蚀的功能，但是其稳定性会影响到周边的构造和环境。边坡的修复和设计也是湿地修复的重要方面，应从生态角度出发选择能够可持续发展、对生态平衡影响小、适合动植物栖息且视觉效果好的施工工艺。

湿地修复中的固床工主要是针对河床的修复，通过工法的实施能够使得河床抵抗水流冲蚀，同时适应生态系统循环发展的要求。生态固床工法应具备降低水流速度、减少河床与驳岸的侵蚀、保证地表与地下水体的交换、为水生动植物提供栖息环境的功能。在材料的选用上应使用多空隙的石料或是植物等天然材料加以构筑，如若工程需要必须采用一定高度的坝体时，应结合现地条件在保证工程安全性的同时注重动植物栖息地的连续性。

3.2　盐水湿地生态工法之护岸工法研究与设计

传统护岸工法存在的问题主要表现在一是过于强调防洪安全性能、材料坚固性与施工的便利性；二是过于注重美观与形象，把亲水台阶、驳岸绿化等与生态护岸相等同，丧失水系的生态功能；三是后期疏于管理。现阶段常见的传统护岸工法有浆砌块石护岸、混凝土斜坡护岸、砖石立式护岸等，这些护岸在抵抗洪水和排洪泄涝等方面有着重要的作用，但是对于生态环境的负面影响也不可低估。坚固的人工材料严重地阻碍了陆地与水域的物质能量交换，破坏了湿地中动植物的生存与栖息场所，同时，固化的驳岸加速了水体的流动从而导致下游大量泥沙的淤积和堵塞。

生态护岸是具有渗透性的自然驳岸，能够保证生态系统的循环发展，促进生物的多样性，最大限度地减少对湿地自然环境的损害。对于自然原型驳岸的生态护岸工法应考虑保持驳岸的自然状态，种植水生植物如柳树、芦苇等以稳固驳岸。我国传统的"治河六柳法"即是对这种生态护岸工法的总结。自然原型驳岸中也存在坡度较陡或是侵蚀严重的地段，针对此类驳岸除采用上述的植物修复方法外，还应使用石块、木料等天然材料进行驳岸加固以提高抗洪抗侵蚀能力。根据护岸承受湿地水流冲刷强度的不同可将生态护岸工法分为低强度、中等强度和高强度护岸三种类型，其中低强度型护岸仅通过种植植物进行加固即可达到稳固作用，中等强度护岸采用植物与石块、木料混合进行加固，高强度型护岸应选用坚固材料如石笼等以抵抗洪水的高强度冲刷。

3.2.1 基于生态操控技术的盐水湿地护岸工法研究与设计

1. 生态倒木

生态倒木是用来稳定湿地水流的硬木，一个或是多个原木被固定于湿地驳岸的外部曲线上，通过增加水流中的阻碍来改变水流方向使得水流反冲到主流中，通常在使用大型原木作为倒木主体的时候也会配合使用小型树枝捆绑在原木之上，用来减少原木与溪流之间的冲刷与侵蚀。倒木的使用经常会与其他生态工法结合以进一步使湿地驳岸免受侵蚀，如使用柳树与原木建立驳岸的植物防护根茎系统以修复湿地驳岸。生态倒木是湿地管理中常用的生态技术之一，生态技术使用的其目是使用植物或是其他天然材料达到湿地修复与管理的目标，通常用来控制水土流失。应用生态技术的主要优势之一在于其能够帮助湿地恢复自我修复的功能，如恢复湿地中的动、植物栖息地。

生态倒木通常被用来减弱水流对于湿地驳岸的侵蚀，特别对于波峰在1.5m左右的水波和处于正常水位线上的水流，其消减作用较为明显。倒木能够抵抗集中的水能量，将其消减或是分散，使其远离驳岸。生态倒木也为沉积物的沉降提供了空间，帮助修复驳岸被侵蚀的部分，并为鱼类和水中的生物提供良好的水下生存环境和栖息地。在修复被侵蚀的湿地驳岸时，应首先找出驳岸被侵蚀的原因，生态倒木不具备根系结构，因此不会直接达到减弱侵蚀的作用，而是通过减少流速与改变流向来间接减少水流对于驳岸的侵蚀，通常情况下应结合生态倒木同时修复驳岸的植被系统。

作为生态倒木的树种选用不受限制，任何树种包括在湿地河床上发现的木质残体都可以善加利用，但其中的硬木是生态倒木的优选材质，因为硬木腐烂速度慢，树枝繁密，可以更好地减缓水流与拦截沉积物。在对木质残体的使用中，一项重要的工作是清理湿地河床与渠道中的过剩碎片，以免造成对湿地水流的阻塞。捆绑在原木上的枝条（图3-2）在原木与驳岸之间起到连接作用，且能防止水流对于驳岸的冲刷。在使用过程中应避免把倒木和枝条在竖向上完全锚固，应让倒木与枝条能够随水位的升降而浮动。选择枝条繁密的硬木有助于更好地阻挡水流、减弱冲刷，但是随着硬木自身的腐蚀，必须对其进行修理或是更换。

　　生态倒木的设置根据每个湿地的受侵蚀原因和问题都是不同的，尤其是对于生态倒木的固定位置。生态倒木通常以30°～40°的角度固定在湿地受侵蚀的区域（图3-3），锚固活体树是比较容易的，可在绳索与树皮之间放置约六块木片，2～5cm见方，随着树木的生长应逐渐减少对树木的压力。如果不选择活体木作为倒木，也可选择枯死木，但因其根部结构疏松应采用绳索充分包裹原木，而不是如同活体树干一样仅仅绕在上面。在锚固枯死木时，可开挖出一个T形沟，用绳索缠绕原木并固定在锚固的横向木桩上。倒木与锚固所用的木桩应位于地表以下，挖出来的土在锚固之后要回填并夯实。

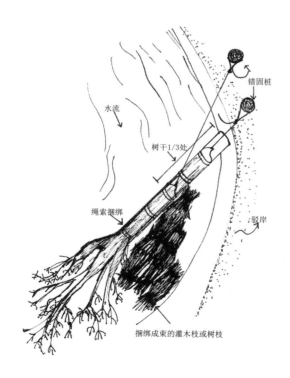

图 3-2　生态倒木的构成

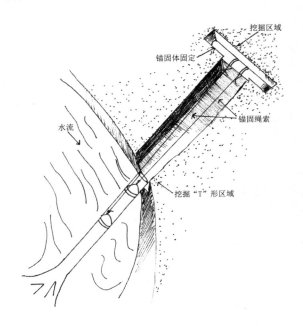

挖掘区域

锚固体固定

锚固绳索

水流

挖掘"T"形区域

图 3-3 生态倒木锚固
位置

　　在倒木锚固并投入使用后的1～2年应进行必要的维修与维护，检查倒木的角度并进行适当的调整。确保捆绑枝条和原木的绳索牢固，如若松动须即时钳紧，并补充损失的枝条。维护与维修的另一个重要目标在于确保活体树的绳索不要缠绕树木太紧，如果主干上的树皮超出了绳索的捆绑使得树干被缠绕，应去掉部分木片放松树干。如果活体倒木在几年后生长稳定即可完全撤掉绳索的稳固。

　　2．生态柴笼与切枝压条

　　生态柴笼与切枝压条都是利用木桩或活体木锚固植被，利用植被生长出的大量的根或芽来固定驳岸的土壤，以防止湿地驳岸受到侵蚀。

　　（1）生态柴笼

　　生态柴笼（图3-4）对于控制湿地驳岸的侵蚀有显著效果，它们经常被使用在构成湿地驳岸的斜坡上。柴笼的使用打破了湿地驳岸斜坡的坡长，利用柴笼的分割缩短了每个倾斜部分的距离，因此减少水流对驳岸土壤的侵蚀，同时也帮助驳岸土壤吸收足够的水分回灌地下水。柴笼与相应的生物技术结合使用可以提供更多的生物栖息地。在具体的实践中，坡面小于4.5m、湿地驳岸倾斜角不超过1：2时设置柴笼较合适，当倾斜角度为1：3时最适合（图3-5）。坡面陡峭的驳岸可以根据现场情况适当开挖沟渠来储存水分以提供植物生长，优质的土壤和水分是构成生态驳岸的良好因素。在设置生态柴笼时应尽量避免阴暗环境，尽可能使其接触充足日照以便生态柴笼中的植物生长。

　　在设计生态柴笼时应考虑坡面上放置柴笼的数量，其间隔数量关系到湿地驳岸的坚固程度。生态柴笼放置时须固定在驳岸未被侵蚀的部分，否则水流的侵蚀会导致柴笼失去功能与作用。生态柴笼在驳岸上的间隔数量依赖于构成驳岸的土地类型。如果是疏松土壤，每排间隔应在1～1.5m较为适宜；如果土壤是紧密结实

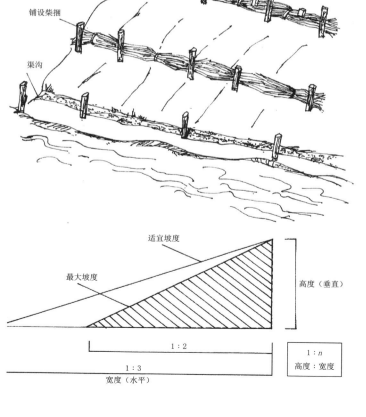

覆盖少量土壤、土层

铺设柴捆

渠沟

图 3-4　生态柴笼的构造

适宜坡度

最大坡度

高度（垂直）

1 : 2

1 : n
高度：宽度

1 : 3

宽度（水平）

图 3-5　生态柴笼所需坡度

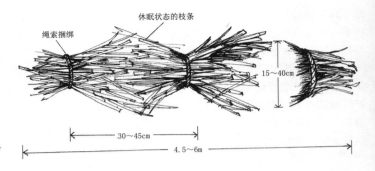

**图3-6 生态柴笼插条
捆构造**

且少有水流侵蚀的，每排设置柴笼间隔可在1.5～2m，并保证柴笼接触到水面。生态柴笼通常选用柳树枝条或是山茱萸枝条，在直接与土壤接触的地方也可以使用一些枯树枝或是树干。这些用于柴笼的插条应在11月中旬或是3月中旬的休眠状态下被剪下来并在48小时内安置在湿地驳岸上。这些插条不能被放置风干，应在使用前成捆放到水中浸泡以保持充足的水分。所有插条的末端应相互交错，用麻绳捆扎成束，成捆的插条最长为4.5～6m，直径在15～40cm为宜，两组插条间应有30～45cm的距离相互穿插（图3-6），并保证每捆插条以"V"字形相连，这样的结构在插条彼此连接时可提供良好的支撑和联系。

在挖掘设置生态柴笼时可根据表3-1的时间安排。

建造生态柴笼的时间安排　　　　　　　　　表3-1

建造安排	时间进度
稳固驳岸	任何时间
驳岸按照1∶2或1∶3的比例放坡	12～翌年3月（在安置插条之前）
剪下插条并保证安置时有足够的水分	1～3月
安置含有水分的插条	3～5月
整理、稳固所安置的插条	3～7月

建造生态柴笼时应先在湿地驳岸的坡面平行于水流方向的特定位置挖一条沟渠，沟渠在25～40cm宽，深度以能够容纳下柴笼为准。把柴笼安置进沟渠之后，上面应附着疏松的土壤并使一部分柴笼暴露在外面（图3-7）。用0.5～1m长的木桩钉入沟渠中固定

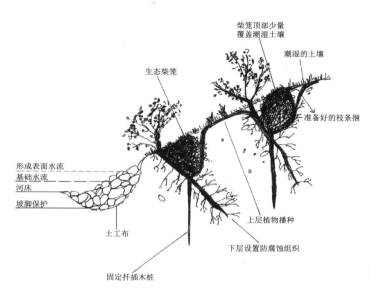

图 3-7　生态柴笼安置剖面图

安置的生态柴笼，木桩可以选择活体或是枯死的柳树以及未经处理的砍伐木。活体木桩通常选择直径为5～8cm、长度为0.5～1m的木桩直接插入安装好生态柴笼的土壤里。这些活体木桩不仅可以固定湿地驳岸沟渠中的插条，还可以通过其自身生长发芽达到进一步的稳定效果。这些木桩是以底端45°的角度插入地面的，以保证木桩的芽和枝叶可以向上生长。

　　（2）切枝压条

　　切枝压条（图3-8）是在有足够空间的情况下先将陡峭的坡面平整为缓坡，在冬季剪切下杨柳的枝条进行压条，第二年春天发芽后即可在驳岸上形成保护层。

　　正确地设计和安装生态柴笼与切枝压条可降低后期的维护和保养成本，应在第一年或是安置施工后湿地达到高水位时检查柴笼和压条的状况。移动任何积累在驳岸边的碎片都有可能影响驳岸上植被的健康生长。生态柴笼与压条及生长在其上的植物可实现湿地驳岸的稳固，同时也可以通过对植物生长健康状况的周期性观测来评估柴笼与压条是否具有生命力。部分插条会因为逐渐腐烂形成碎片掉入湿地中而形成污染，这些问题可以通过周期性地修剪插条来避免和缓解。

　　3. 植被土工布与活栅栏墙护岸

　　植被土工布法是用土工布包裹植物枝条的土壤，然后按照切枝压条的方法进行施工。植被土工布法需要在水域低水流的条件下进行操作，主要用于加固坡度较大的驳岸，对遭受严重侵蚀或是淤积大量沉淀物的驳岸此方法具有显著修复效果，即使在植被没有完全长成之前也能够有效且快速地提高驳岸的稳固性（图3-9）。

图 3-8 切枝压条剖面图

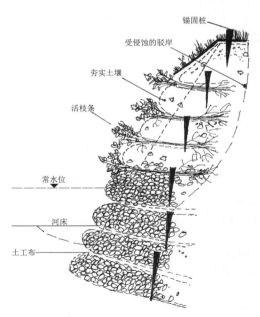

图 3-9 植被土工布护岸构造图

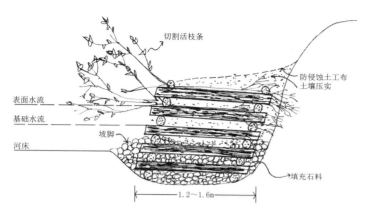

图 3-10　活栅栏墙护岸构造图

活栅栏墙（图3-10）是一种木质箱状结构组成的河岸，里面填充了岩石、土壤和扦插枝条。通过扦插枝条发芽与其根系的生长，结合原木结构将为湿地驳岸提供保护层，避免其受到水流侵蚀。水下的岩石和原木提供优良的水生栖息地，如果采用活体材料替代枯死木，修建良好的活栅栏墙可以保持数十年。

活栅栏墙通常与其他生态工法结合被用于保护驳岸免受水流侵蚀。在陡峭且不稳定的坡脚处，植被建立初期急需防止水流侵蚀的保护措施。活栅栏墙可以利用木箱的构造保护坡脚并且通过将坡面分等级来减小斜坡的陡峭程度。被侵蚀的河床与驳岸可使用个体不超过6m长的活栅栏墙结构来弥补。活栅栏墙结构的高度取决于洪水位的高度，通常应略高于洪水水位，但高度不应超过2m。

构筑活栅栏墙需收集剪切的柳树、楝木或其他快生树的树枝，这些扦插枝条必须在树木休眠期（大约在11月中旬或是下旬）时从活体树木上取得，扦插枝条的下端直径可为1～6cm，长1.5～2.5m。扦插枝条应在剪切后48小时之内进行安装，如果不能及时使用应将其包裹在湿布中保持扦插枝条的潮湿，不能让其干燥。施工时须从开挖驳岸开始，开挖工作应在水流低流量和活栅栏墙安装之前进行。在水流低流量时从水位线（可以是现状也可以是设计水位）开始向陆地方向开挖1.5m宽，向水域方向开挖0.5～1m宽。挖掘的底面是倾斜的，以保证活栅栏墙的重心远离水边，增加其稳固性。将原木与扦插枝条分组，在开挖区内先放置两根直径10～15cm的原木，这两根原木平行于水位线放置，间距1.2～1.5m。第二组原木紧贴第一组原木末端并垂直于第一组原木

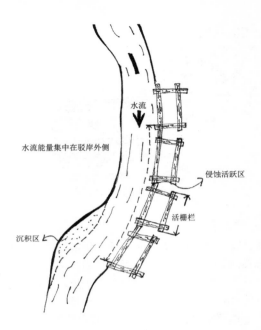

水流

水流能量集中在驳岸外侧

侵蚀活跃区

活栅栏

沉积区

图 3-11 活栅栏墙护
岸布置图

放置，用钉子或是钢筋把四根原木的顶端固定在一起（图3-11）。
将石块等材料填充到原木结构的底部直到与河床水位平齐。岩石
的重量会抵消原木的浮力并保证结构的稳定性。确保开挖区域之
间有充足的石块来保护驳岸边坡的稳固，用土填满其余区域和空
隙，然后压实。在压实土壤之上放置休眠柳条，柳条的摆放方向
应垂直于水流方向，技端插入回填压实的土壤里，稍端伸出原木
结构0.3～0.6m。休眠柳条扦插完之后，再在其上回填土壤压实摆
放下一组原木。重复以上步骤直到活栅栏墙达到设计高度。

　　对于植被土工格布与活栅栏墙护岸的维护是非常重要的，以便
使其处于良好状态。在第一年施工后并有高流量通过应及时检查结
构稳固性并进行保护维修。检查原木是否位于合理的位置，是否有
腐烂，确保活栅栏墙的结构完整性。活栅栏墙中的柳树枝条其生长
状况也是非常重要的，如果柳条发生明显死亡，应及时补充扦插枝
条予以替代。定期的检查能够了解活栅栏墙是否能够适应并满足湿
地驳岸的要求，如若不能满足则应尽快采取措施以解决问题。

　　4. 湿地中的大型木本残体

　　大型木本残体指的是自然发生或人为放置在湿地中的树枝、
树桩、原木和浮木等。大多数木本残体来源于湿地上游的河流或

是其他水域。由于受城市化进程与农业发展的影响，湿地及其相关联的河流中通常缺乏必要并且足够数量的木本残体来保持生态系统的健康和稳定。足够的大型木本残体可以提供生态环境的多样性，其是一个健康流域生态环境的重要组成部分。大型木本残体在湿地中有助于提高生物群落和物理生境的多样性，如某些种类的鱼的栖息环境依赖水域中的流木。但是很多湿地的管理者不确定木质残体在湿地中的作用而将其清除，清除之后的湿地其用来支持湿地食物网的有机物减少，鱼类用来产卵的栖息地减少，不利于湿地生态系统的修复。

为保证盐水湿地生态系统的健康与可持续性，种类繁多的植物与动物物种、各种营养物质及其形成的结构都是不可缺少的。大型木本残体在湿地中是无脊椎动物觅食与栖息必不可少的载体，无脊椎动物分解小颗粒的碎屑，这些碎屑是湿地食物网重要和不可缺少的组成部分。水体中的碎屑为细菌以及部分昆虫提供栖息地，驳岸上的木本残体为昆虫、鸟类和其他哺乳动物提供了栖息地。

生态护岸具有显著的生态修复和促进生态平衡发展的优点，但是在实际操作中也存在很多问题，主要表现在材料的使用、时间与环境的适应性以及后期养护管理等方面。选择作为生态护岸的活体材料应是来源于本土的植被，冬季休眠的活枝条在多雨且冬季短暂的温热带地区无法使用。由于生态护岸的很多功能来源于植被，因此，在护岸修建完成后需要等待植被成长之后才能发挥最有效的作用。在水流量大且冲刷严重的区域，应在护岸建成初期采取临时的保护措施，在后期的管理中需要经常性地检查和修复护岸。对于严重损毁需要立即修复的堤岸，需根据现场情况慎重考虑对生态技术的使用，如在植物冬眠期常发生水洪的区域采用生态护岸很可能是无效的[11]。

3.2.2　基于微栖地修复的盐水湿地护岸工法研究与设计

1．砾石浅滩构造

砾石浅滩包括不同时间内设置在浅水湿地中的砂石和鹅卵石等不同尺寸大小的石头。砾石浅滩能够促进湿地中基质的形成与转化，为水生动物、植物提供栖息地，尤其是为鱼类提供产卵孵化的场所。对于盐水湿地的修复与设计，提高湿地存储雨水的能力是非常重要的。在目前的修复设计中经常应用修复与降低河床、整顿水流渠道和坡度、改善水流流速等方法，这些做法提高了雨水的流动效率，但是降低了水流的水质并且容易破坏水生生物的栖息环境。对于盐水湿地及其相关水流渠道的修复，设置适宜的驳岸构造可为鱼类等水生生物提供栖息地，这些修复均需要一定的生物技术方法和生态工法，以提供鱼类等生物用来隐蔽、产卵和觅食的区域，同时栖息地修复过程中增加的基质也为底栖动物提供了一个更为健康、更为多样化的水生生态系统。

对于砾石浅滩的使用应考虑盐水湿地及其相关水渠的原始特征，砾石浅滩可以促进天然水渠功能的发挥，推动泥沙的流动并减少其沉积。砾石浅滩的宽度以水流渠道宽度1～2倍为宜，其碎石的厚度通常是0.3～0.5m，不应深于流动水流的深度。砾石浅滩所选碎石和砾石的直径通常为2.5～10cm，以在水流中起到稳定作用。

在砾石浅滩建成后的前两年应及时检查浅滩的被侵蚀情况，如果驳岸出现侵蚀情况应对浅滩进行改造。

2. 可呼吸的石笼护岸设计

湿地的侵蚀过程是一个自然过程，湿地受到侵蚀的主要原因是水流的快速流动，根据研究表明，水流速度在每秒0.6m时可以挪动一块重约0.2kg的石块，但当流速增加到3m/s时却可以移动重约65kg的石块。控制湿地驳岸的侵蚀有很多方法，当湿地中水流达到高流速时，需要对于驳岸结构进行保护。常用的稳定驳岸结构的方法，一种是使用防波石，另外一种是使用石笼。在设置湿地驳岸保护装置时，不仅需要考虑日常状态下湿地水流的流量与流速，还要考虑暴风雨以及洪水时的情况。在盐水湿地的修复与养护中，对于石笼的基本应用与维护应该根据湿地的水质研究，以确定是否适合石笼的安装，如果水质偏酸性会导致石笼的过早腐蚀，则需要考虑其他的驳岸稳固方法。

石笼是在电镀或者附着涂料的金属笼子里装满石头，将其放置水下即可以有效地稳固驳岸（图3-12）。石笼提供了类似于防波石的保护作用，可以对于湿地驳岸起到物理制约作用，同时也可以利用石缝中的空隙达到陆地与水体的物质与能量的交流，并且其空隙也为细菌、真菌、底栖动物以及其他水生动物提供了栖息地。

石笼金属笼架的标准通常是1m宽、1m高，根据盐水湿地的实际情况来决定每个单位的长度。金属笼架可以安装前预制并根据需要进行安装。填充到石笼中的石头的最小直径为10cm，这样可以防止石头在水流的冲刷下从金属笼架的网眼中漏出。石笼的基本安装程序可由石笼制造商提供。在石笼的安装施工过程中，通常先在湿地驳岸上覆盖铺设一层过滤网，过滤网的材料应选择具有高渗透性的环保生物纺织品。顺延湿地河床方向开挖深度至少0.3m左右的

图 3-12　盐水湿地驳
岸上的石笼装置

沟渠用来放置金属笼架，再用几根1~1.2m长的钢条将金属笼架固定
并填充石块，在填充石块的同时应勒紧夹板以保证石笼的稳固性，
最后再用金属丝每隔3.5m对笼架进行再次加固（图3-13）。

　　在金属笼架的搭建过程中需要先使用电镀金属丝连续围合笼
架的底部和周边，将上下左右的笼架牢固地连接在一起，使得整
个装置更为稳定坚固，并且每排应阶梯状向后连续（图3-14）。
在填充完大块石料之后，过滤网和笼架的空隙需用碎石或是砾石
进行补充以尽可能地减少空隙的存在，从而保证笼架的稳固性。
石笼安装完成之后可以种植扦插植物枝条，能够提高其抗侵蚀的

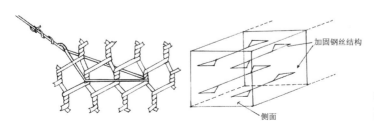

图 3-13　使用金属丝
成直角状进行固定达
到稳固作用

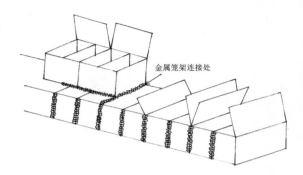

图 3-14 金属笼架的稳固安装

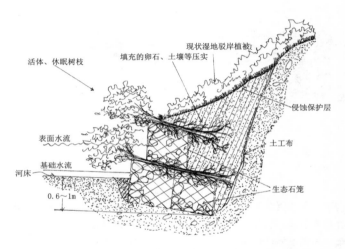

图 3-15 结合扦插枝条的石笼

效果，将休眠状态的枝条扦插进笼架的层间并保证枝条的长度足以接触到石笼之后的土壤（图3-15），扦插枝条要在阳光充足时进行，以保证枝条的生长发育。

石笼的后期管理与维护主要是针对金属笼架的维护，金属丝的破损可能会导致笼架的锈蚀和坍塌，因此需要在每年水流高峰期之后定期检查，对于破损的金属丝应及时使用新的电镀或是附着防腐层的金属丝进行更换，对于已经改变或是挪动位置的笼架则需要及时修正复位。

3. 防波石护岸设计

防波石护岸是有效控制驳岸免受水流冲刷和侵蚀的生态工法。防波石所使用的石头大小、形状不同，应顺沿驳岸的坡度堆积（图3-16）。在实践中常用的石料主要是石英石、石灰石等，材料的使用需要根据现地条件来决定。

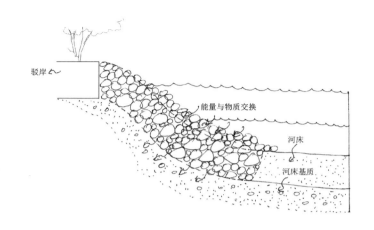

驳岸

能量与物质交换

河床

河床基质

图 3-16　防波石护岸
示意图

　　防波石尺寸的选择主要考虑盐水湿地中水流的流速和流量，可参考表3-2。

防波石尺寸选择参考	表3-2
盐水湿地水流最高流速（m/s）	使用石块最大直径（cm）
0.6～1.8	10～30，平均15
1.8～2.4	15～45，平均30
2.4～3.0	30～60，平均45
3.0～3.6	45～75，平均60

　　湿地驳岸的倾斜角度，水平与垂直的比为2：1时适合设置防波石。在放置防波石之前需要在驳岸的土壤上预先铺设一层渗透性的过滤网，在过滤网上先放置一层碎石，碎石的尺度不能太小以防止被水流冲走，碎石层的厚度至少有15cm左右，在防波石的放置过程中，最重的石头应放置在驳岸的底部，并且下面的石头应该是上面石头厚度的1.5倍左右。驳岸坡脚处向河床内部延伸1.2～1.8m宽，设置岩石层或是在坡脚处开挖一条沟渠填满石头，这两种方法都可以有效防止防波石的侧滑。

　　防波石驳岸容易受到洪水的急速冲刷和石块自身的风化退化的影响，在这两种情况发生时，防波石的作用和效果将会很大程度地减弱。因此，在暴雨期过后，需要对防波石进行定期检查，对于被水流移动的或是受到侵蚀损坏的石块都应该及时更换。

用于防波石护岸的材料应选择表面粗糙、摩擦力大的石块，避免选择圆润光滑的石头。摩擦力大可以保证石块之间的相互作用以防止水流冲刷引起滑动和坍塌。同时避免选用沥青石块等，因为这些人工石块密度低且含有有毒的化学成分，随着水流的浸泡，这些有毒成分会渗透进土壤和水体中。

在防波石护岸安置完成后可以扦插一些休眠枝条用以提高驳岸的稳固性，在枝条的扦插过程中应注意将枝条扦插进石头之下的土壤中，并垂直于驳岸种植。随着植物的成活和生长，植物根系能够牢固驳岸基础，同时提供良好的景观效果。植物的枯枝落叶应及时清理，以免过多的腐蚀物进入湿地水体中产生污染。

3.3　盐水湿地生态工法之固床工法研究与设计

在盐水湿地的修复与设计中河床的功能非常重要，构成河床的基质结构、化学成分、土壤孔隙度以及潜在的基质特质都对盐水湿地有着重要影响。河床需要具有渗透性，能够为盐水湿地中的无脊椎动物等水生动物提供赖以生存的栖息地，提供植物生长的养分以及媒介。

3.3.1　盐水湿地生态河床的基质研究

盐水湿地表面的基质材料会严重影响到水栖无脊椎动物群落和植物的生长。广义上讲，地表裂缝越多其环境越为复杂，就越有可能为水生生物提供更多的栖息环境。树叶、砂砾浅滩和树桩的存在都能够为生物提供遮掩物，这些遮掩物有可能是某些水生物种赖以生存的基本条件。湿地的特点是土地长年被水浸泡，土壤颗粒间隙中充满了水，只有表面很薄的一层（通常为1～5mm）有足够的氧气来维持好氧生物的生存环境。盐水湿地河床基质的化学反应，包括有机质的循环，其反应的速率要比陆地上慢得多，通常少于陆地上速率的1/10。基质的化学性质可能影响植物生长和其化学属性，包括酸碱度、水体富营养化等，因此对于生根植物的影响也较大。例如，在河床黏土中，许多物质的化学成分会黏附到黏土粒子上而无法被植物吸收，但有很多无脊椎动物依靠河床基质中存在的有机物而生存。

1. 河床基质材料的种类

很多因素都影响着盐水湿地河床基质的自然属性，并且不同的河床基质也影响着湿地野生动植物的生存。

（1）黏土

天然基质对于水的渗透率差别极大，最好的黏土（由小于0.002mm的粒子构成）可以完全防水。构成盐水湿地河床的黏土其性能取决于粒子的质量以及纯度。由于土壤持水能力是由黏土矿物质类型和含量、有机物质含量、土壤结构三方面的因素决定的，因而高黏土矿物含量和高有机质含量使湿地土壤具有很高的持水能力[12]。优质黏土在很多区域都可以寻找并挖掘到，通常情况下盐水湿地河床的黏土层至少要保证有300mm厚，在施工过程中应小心压实并减少裂纹。对于较大盐水湿地的修复，可先用挖掘机的滚筒将黏土进一步捣碎并在使用时增加湿度以达到黏土的最大紧实度。不宜选择在非常潮湿或非常干旱的条件下使用黏土作为河床基质，因为这样会严重影响河床的防渗能力和抗腐蚀能力。黏土可以适应任何形状和坡度的河床，在河床表层的黏土中混入有机原料有利于河床黏土抵抗干涸的威胁。在水位经常波动的盐水湿地河床上尽量避免使用黏土，如果黏土层的厚度大于600mm时可以忽略水位波动对河床黏土层的影响。纯度很高并且被压实的黏土对于大多数生命形式来说都是难以生存的。在水底，黏土的光滑表面能够保持数年不变，即使海藻也很难附着生长，只有生命力最强的根系植物如芦苇等才可以穿透严密的黏土层。

（2）岩石与砾石

光秃秃的岩石与砾石不利于湿地植物的生长，但很多无脊椎动物能够适应快速流动的水流，并能附着在岩石表面捕捉水流中夹带的矿物质。苔藓能够在快速流动的水流中附着岩石表面生长，随着苔藓和海藻群落在水底形成，很多水鸟会被吸引过来，并在岩石河床觅食与休憩。

（3）砂砾与鹅卵石

盐水湿地中的水生植物其种类和数量取决于石块的大小与石头缝隙中存在淤泥和杂物的多少。在水流湍急汹涌的地方，砂砾会被水流冲到一侧而阻止了水生植物的生长。部分无脊椎动物可以在石头缝隙中寻找到庇护与栖息的地方，然而多孔的环境使得碎石结构不稳定容易被水流冲走，因此水下生物的食物来源也是不稳定的。盐水湿地中常见的大马哈鱼和鳟鱼喜爱在水流湍急的湿地砂砾河床上产卵，河床上高出水面的砂堤可以为以残骸和无脊椎动物为食的动物提供栖息地，一些鸟类如小型长腿水鸟会选择砂砾或是鹅卵石河床与驳岸筑巢。水流中设置的巨大石块能够为水生动植物提供重要的栖息地与生态结构。

（4）有机土壤

肥沃的有机土壤质地良好，是一种能够提供稳定、结构优良可容纳高密度水生无脊椎动物生存的基质，并为水生有根植物提供了极好的生长环境，是湿地生态环境中合适的河床基质。土壤中所含有机物质的水平会影响土壤成分和无脊椎动物的丰富程度。在有机土壤中能够生存大量蚯蚓，因而涉禽类也更愿意选择这里栖息。虽然有机土壤能够更好地达到湿地生态系统的平衡，但是其对于水流侵蚀的抵抗力小于其他几种河床基质。有机土壤中含有高浓度可供植物生长的养分，但是这些养分渗入到湿地水体中会导致水域的富营养化，影响到植物生长的密度，有可能会导致水生植物的疯长。

（5）沙子

在盐水湿地的静水区域，沙子可以成为水生无脊椎动物和一些根系植物生存的良好基质。长满植物并湿润的沙滩，在阳光的照射下沙滩表面温度升高很快，因此这种环境受到蜻蜓、蜜蜂等昆虫的喜爱。

（6）淤泥

盐水湿地中的淤泥其特点是柔软和具有流动性，有时因为流动性太强而使得无脊椎动物和根系植物无法存活。淤泥不仅有难以成型的问题，而且也容易被水流侵蚀产生悬浮物。湿地水体中的悬浮物会影响动物的呼吸系统，同时减少光的射入而影响植物的生长。淤泥中富含的有机质会被大量的无脊椎动物所利用，在有机质严重时会导致淤塞，最终形成只有细菌才能生存的厌氧环境。

（7）泥炭

泥炭具有很强的保湿性，在某种程度上有点类似于海绵，吸水时会不断变大并且干燥的过程很慢。一些特殊的动植物与泥沼混合后能形成泥炭地，泥炭资源很少被发现，应尽可能地保护仅存的泥炭地。

2. 基于微栖地修复的河床基质改良研究

在很多情况下，新恢复与新建成的盐水湿地并不是野生动植物的理想栖息地，这需要通过"生物—生态"的修复和恢复来逐渐完善食物网达到生态环境的健康循环与发展。对于修复与新建的河床基质有三种选择可以提高野生动物对于基质的适应。一是选择其他区域的成熟基质作为修复湿地的基质原料，二是选择周边高质量的基质作为修复湿地的覆盖材料，三是通过与高质量基

质的混合达到改良效果。一些特殊的方法可以用来解决修复河床
基质常见的问题。

（1）提高基质有机物质的含量

盐水湿地河床基质的表层下面或是更深的地方其有机物质的
含量很少或是没有，只能为极少数的深根性水生植物和无脊椎
动物提供养分和食物。在盐水湿地河床基质的修复中通常采用堆
肥、碎草、干草和稻草来增加基质中有机物质含量以达到不同程
度的改善。表3-3通过研究总结出一些可用于增加基质有机物质
含量的物质特性。在湿地植被修复之前可为河床基质增加有机物
质，以给予这些有机物质充分的有氧腐烂时间，并且这些添加物
质应不容易漂浮被水流冲走，以减少营养物质的损耗。为减少水
流对于添加物质的冲刷可以暂时在有机物质添加层上铺设过滤网
用来固定。与其他很多有机物质资源不同的是，秸秆包含相对低
的植物养分，同时能够释放相应的化学物质来抑制藻类的生长，
并提供一个结构良好的符合很多无脊椎动物生存需求的环境。稻
草需要在水中浸泡几周甚至几个月以防止其在水域中漂浮。另一
个引入有机物质的较为有效的方法是在盐水湿地建立前种入豆科
植物如三叶草，它们的种子在生长阶段不需要沉淀物所提供的养
分，因为它们自身就将大气中的氮气转化为有机物质进行吸收。

普通肥料与有机肥料的营养元素
（干燥条件下营养元素百分比例）　　　　表3-3

肥料类型	氮	磷	钾	备注
农家肥	0.6	0.1-0.3	0.7	如果没有充分腐烂会含有大量的氨
马粪	0.7	0.5	0.6	—
干草	0.5	0.2	0.9	阻碍海藻生长
普通锥肥	0.5	0.25	0.1	
蘑菇锥肥	0.6	0.5	0.9	成分复杂，可能残留杀虫剂
锯屑	0.2	—	—	碳氮比率很高，有碍植物生长
深度发酵的家禽粪便	1.7	1.8	1.3	含大量氨
炭灰	2.4	2.2	1.4	

肥料类型	氮	磷	钾	备注
草灰	4.2	4.3	1.6	—
下水道污垢	1.1	1.0		可能受重金属污染
活化淤泥	5～6	2.9	0.6	
粉末垃圾	0.59	0.4	0.32	
海藻	0.6	0.3	1.0	—
葎草废料	2.5～3.5	1.0	—	—
动物蹄角	7～16	—	—	—
骨头和肉	5～10	18	0.2	高浓度的钙
鱼	6～10	5.9	0.8	高浓度的钙
凝固的血液	13	0.8	—	—
炭灰	—	—	1.7	—
树叶	0.4	0.2	0.3	阻碍植物生长

向湿地中加入营养物质比从湿地中分离营养物质要容易很多,在对湿地营养物质进行修复与改良前,应调查目前湿地中的营养元素状况,通过调查和研究再决定是否存在相关物种会引起因某种特定营养元素浓度提高而产生副作用。通常通过引入合适的有机物质来增加营养元素浓度,如充分腐烂的有机肥料。普通化肥的溶解性高但是往往会引起短时间内的高浓度并且持续时间短,高浓度的营养会引起藻类短时间的大量繁殖,不利于水质的保持。盐水湿地沉淀物中的营养物质经常是由于厌氧环境形成的,对于这种现象可以通过对河床的暴露来进行管理。

(2)增加基质的表面纹理

为使得植物和无脊椎动物能够在光滑的岩石和压实的黏土上生存,应在这些光滑基质上面覆盖一层沙子或是有机土壤之类的粗糙材料。无脊椎动物生存所需的覆盖物不必太厚,如大多数摇蚊的幼虫通常生活在厚度100mm以内的基质中。秸秆是一种适合于增加无脊椎动物数量的很好的覆盖材料。河床所使用的基质的厚度根据所需要培养的植物与动物种类的不同而有所不同。通常情况下,露出水面的植物要比水下植物的根系长,300mm的基质厚度就能适合大部分种类的植物。

　　在盐水湿地的很多区域，可以在水体中建构一个人工礁石，这些礁石可以为无脊椎动物和藻类提供能够吸附的地方，也为其他鱼类提供一个庇护所。人工礁石可以由各种材料组成，捆在一起的树枝能够发挥良好的作用，其结构越复杂越好，橡树、榆树这样的硬木适合在特定的地方构建作为长期使用的人工礁石。

　　（3）增加基质的稳定性

　　很多盐水湿地长期被淤泥浸泡而会影响基质的稳定。对于此问题一种方法可以通过水位控制来解决，偶尔将湿地的水排干，以使有机物质和矿物质得到干燥和氧化；另一种解决方法是在淤泥河床上添加一些比较粗糙、流动性较小的材料。为构筑水底无脊椎动物的栖息环境可以设置成堆的砾石和卵石（直径小于100mm），其间隙可以提供合适并且稳定的环境。

3.3.2　盐水湿地生态河床之潜坝

　　盐水湿地潜坝的修复与设计根据其形状与大小会对湿地中的水流产生影响，通过岩石、原木或是石笼的设置可以创建出临近潜坝的静水和动水流，增加水域的多样性。根据栖息地的特定用途其所需的基质也有所不同。砾石（直径5～20mm）经常在盐水湿地的修复设计中被用在堤岸表面来吸引海鸥、长腿水鸟等海鸟来此筑巢，或是为其他海鸟提供栖息地。如果砾石在当地不是常见的材料，则可以使用其他石料如建筑所用的石料碎块等，只在顶部使用少量砂石来增加视觉效果，在水边和坡脚处需放置一些大块石头来防止波浪的侵蚀。河床与堤岸上层所覆盖的土壤会为湿地提供一个良好的基质，为保持上层土壤的良好特性在修复设计与后期管理中应谨慎处理。在修复上层土壤中，蚯蚓尤为重要，蚯蚓通过松动土壤为其提供有机物质，还有利于土壤中空气与水分的流通。在深度超过300mm，尤其是黏土层，蚯蚓和其他很多土壤中的微型动物和细菌都不能生存。

　　由木桩和柴捆所构成的潜坝非常适用于小型盐水湿地，以直径15～25cm的木桩每隔150cm左右打入河床中，深入河床至少80cm。为避免水流局部集中而形成对于构造物的损害，露出河床上的木桩高度需保持在120cm以下并稍微向上游倾斜。用作构筑潜坝的枝条通常选用新鲜的杨树、柳树或赤杨的枝条，编于木桩之间，中央的部分作为堰口。潜坝的长度大约为1.5～2倍的有效坝高。容易发根的枝条可以插在潜坝两侧以利用根系稳定河岸，此外也可将易生根的枝条插在水流上游的坡面中（图3-17）。

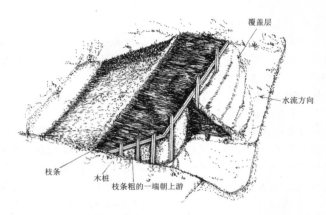

覆盖层

水流方向

枝条

木桩

枝条粗的一端朝上游

图 3-17 潜坝整体示意图

3.4　盐水湿地生态工法之挡土与边坡工法研究与设计

　　根据生态工法原则，工法的选择需考虑当地地质、地形、水文、植被、生态环境的需求，如特定物种的保护与培育、材料选取等因素。因为相关因素较多，因此并无特定的工法可供选择，而是必须加以评估后因地制宜地选择适当的工法。创造丰富而多样的生态环境且兼顾安全是生态工法的目的，生态工法并不是以一应万，每一个工程都应独立加以考虑。本节将概述部分湿地修复设计中常用的工法作为施工工艺的参考与研究，应根据现场条件加以改良或综合应用以期达到最佳的效果。

　　石笼墙是湿地修复设计中常见的工法，每个石笼是一个用铅丝编成的类似于长方形的盒子，放于施工地点并与相临石笼连接后，填入10～30cm大小的鹅卵石，填石高度约占石笼高度的2/3，并以钢丝在各方向加固以免填筑石块完成后造成石笼的鼓胀。石笼的规格没有固定尺寸，应根据现地条件进行考量设计和施工，通常在安置过程中每层石笼都应较下一层石笼有所退后，如若石笼墙的高度超过2m，则应该由结构工程师特殊设计，越高的石笼墙所需要的基础宽度越宽。对于石笼墙的具体设计根据其不同应用而有所区别，石笼的数量及排列方式与墙高、回填土料等有密切关系，不同的石笼工法也会影响设计情况，通常在石笼墙的设计中常使用石笼制造商所提供的设计规范。

　　石笼墙可构筑的墙体高度比块石砌筑墙体的高度要高，但石笼墙通常被批评为不够美观，可通过石笼上加以植被种植达到美观的效果。因此，若湿地附近具有便宜且大块的石材，可以使用块石砌筑墙体，若只有小尺寸石材，则石笼墙是较合适的方法。

第4章

典型围垦区盐水湿地
景观修复设计可行性研究
——以浙江大目湾为例

4.1　研究背景及内容

大目湾地处东经121°34′，北纬28°45′，是宁波市象山县百里黄金海岸旅游带的中心位置，北与松兰山国家"AAAA"级风景旅游区相接，东临大目洋，南连东陈乡，净面积25000亩（约18km²，图4-1）。大目湾三面临山，一面靠海，位于浙江沿海中部素有"海山仙子国、东方不老岛"之称的象山中部沿海。

规划设计区域存在的主要问题包括：防洪问题、水环境问题以及水工程措施运行调度问题。大目湾地处整个象山县的东南方向，面朝大目湾海域，在防洪问题上同时受到大目湾海域潮流和来自上游丹城片区及东陈片区洪水的影响，汛期时上游来水较大且受外海潮水顶托影响，给防洪安全带来巨大考验。大目湾区域淡水水系水源主要来自上游丹城区。虽然丹城区制定并实施了一系列水污染防治措施，但水质改善需要时间，近期来源于上游的淡水水源水质较差，淡水与海水之间的盐水湿地和相关联河道水体流动性较差，需要制定水环境改善措施，解决水环境问题。大目湾水系分为海水水系和淡水水系，内湾水源主要是海水、淡水水系来源于上游的河流。大目湾担负着排洪、纳潮及位置平衡生态环境等多项功能，与之配套的主要水工程措施是坝体和闸门，闸门的运行调度直接关系到区域防洪安全以及整体生态环境。

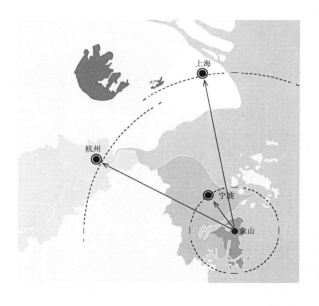

图4-1　大目湾区位图

本研究范围包括象山主城区（丹城区片、东陈区片及大目湾区域）。修复与设计范围主要是大目湾（北起松兰山风景区、南接滨海工业园区、东面大目洋、西至老海堤），重点区域为大目湾的淡水系统和海水系统以及横大河区段。

通过对大目湾水系及滞洪区规模的论证，达到满足防洪排涝要求；通过对海水水系和淡水水系的配水研究，明确配水水源、配水方式及运行调度原则；通过"生物—生态"景观修复措施，改善水质和生态系统，达到生态环境的平衡发展。

4.2　大目湾水系规模分析论证

4.2.1　大目湾水源环境状况分析

大目湾属于新开发围垦区，处于象山县丹城镇的下游出海口，因此大目湾成为丹城镇的污水、象山工业开发区的废水、大量农村农业面源污染的废水以及污水处理厂尾水等集中排放的受纳地，内陆水域的水体通过东大河、西大河、南堡河多条河道径流汇集到大目湾后流向海洋，除雨季临时泄洪外，平常时期流入大目湾的水量平均3万吨/天。

大目湾淡水水系主要包括乐居河、北湾河及天安河等河道。水源主要是上游主城区丹城区及东陈区流入的水量，水源比较匮乏，水质较差（现状为劣五类水质）。非行洪期淡水水系与海水水系是不沟通的，天安河等连接河道的水体流动性较差。根据大目湾总体规划，大目湾区域全部实施截污纳管。进入淡水水系的污染物主要来自上游，其污染源主要有生活污染源、工业污染源、农业污染源。

生活污染源：主要有生活污水及生活垃圾。南大河水系是象山县中心城区的主要河流，丹东街道、丹西街道的生活污水除排入污水管网系统外，均通过各类暗沟、明渠就近排入河流，最终汇入南大河水系，经横大河进入大目湾。象山县城区基本建立了完善的生活垃圾收集系统，中心城区向河流倾倒垃圾现象较少，而在城郊接合区域由于河道两侧无绿化隔离带和沿河群众长期的不良生活习惯，存在向河道倾倒垃圾的情况，受生活垃圾影响较大的河流有象山河、马岗鞍河、西大河城区段及其他较小支流。

工业污染源：象山县近些年工业发展迅速，污染企业众多，主要集中在丹东街道及丹西街道工业区，根据《象山县第一次污染源普查技术报告》（2007年），城区主要产生废水的工业为纺织

业，其次为黑色金属冶炼及压延加工业、副食品加工业，大部分
工业废水已纳入城区已有污水管网收集送至污水处理厂处理，但
由于城区污水收集管网不完善，丹西工业园区虽有工业废水收集
管网，但中途输送泵站未配套建设，造成部分工业废水仍直排进
入河道。

农业污染源：来源于农田的径流和养殖业的排污水是农业污
染源的主要来源。相对于畜禽养殖污染，农田径流面源污染则难
以集中控制处理。象山县中心城区河流受农业污染源影响较小，
而处于城郊的河段则受农业污染源影响较大，包括西大河下游
段、南大河下游段、东大河下游段、象山河、中家河、梅西河等。

1. 流入大目湾的河道水质状况

据象山环保局对流入大目湾的三条河流水质长期监测，观测
频率为6次/年，2004~2009年河道水质监测结果总结于表4-1~表
4-3。

经统计东大河、西大河、南大河于2004~2009年约5年时
间，各观测点水质5年间的平均值，与地表水环境标准III类和V
类水的水质目标值比较，BOD、TN（总氮）、NH₃（氨氮）、TP（总
磷）以及DO（溶解氧）等5项指标均比V类水标准备高出4~6倍。
尤其是营养盐相关项目（总氮、氨氮及总磷）达到了标准值的

东大河的水质观测年平均值（2004~2009年）   表4-1

东大河	水温（℃）	pH	CODMn（mg/L）	BOD（mg/L）	TN（mg/L）	NH₃（mg/L）	TP（mg/L）	DO（mg/L）	DO饱和率（%）
2004年	20.5	7.8	13.0	16.0	9.02	3.73	1.07	4.9	54.0
2005年	20.6	7.7	7.7	9.8	7.81	5.16	0.74	6.2	66.5
2006年	20.7	7.6	8.0	9.7	11.81	5.92	0.86	3.7	39.9
2007年	20.2	7.6	6.6	6.5	5.28	3.48	0.69	2.7	26.5
2008年	21.4	7.5	8.5	17.2	12.29	5.76	1.18	7.6	84.0
2009年	13.2	7.2	47.2	13.9	14.70	9.40	0.90	4.6	39.8
2004~2009年	20.1	7.5	13.6	26.6	16.32	10.75	1.35	3.3	37.1
III类	—	6~9	6	4	1.0	1.0	0.2	5	—
V类	—	6~9	8	10	2.0	2.0	0.4	2	—

资料来源：中国水电顾问集团华东勘测设计研究院，《象山县大目湾新城水洗规模及配水方案研究》。

南大河的水质观测年平均值（2004～2009年）

表4-2

南大河	水温（℃）	pH	CODMn（mg/L）	BOD（mg/L）	TN（mg/L）	NH₃（mg/L）	TP（mg/L）	DO（mg/L）	DO 饱和率（%）
2004年	20.5	7.5	11.3	24.7	18.55	12.05	1.60	2.8	32.2
2005年	20.5	7.4	12.3	31.2	11.07	10.21	1.35	3.6	43.3
2006年	21.2	7.4	9.4	37.1	19.39	14.89	1.64	1.0	12.2
2007年	20.3	7.9	8.3	9.2	11.04	8.06	0.98	2.5	28.8
2008年	21.3	7.5	12.8	34.6	17.90	9.15	1.38	5.5	63.4
2009年	13.6	7.3	96.8	20.3	20.60	9.56	0.92	5.2	48.3
2004～2009年	20.1	7.5	13.6	26.6	16.32	10.75	1.35	3.3	37.1
III类	—	6～9	6	4	1.0	1.0	0.2	5	—
V类	—	6～9	8	10	2.0	2.0	0.4	2	—

资料来源：中国水电顾问集团华东勘测设计研究院，《象山县大目湾新城水洗规模及配水方案研究》。

西大河的水质观测值的年平均值（2004～2009年）

表4-3

西大河	水温（℃）	pH	CODMn（mg/L）	BOD（mg/L）	TN（mg/L）	NH₃（mg/L）	TP（mg/L）	DO（mg/L）	DO 饱和率（%）
2004年	20.6	7.9	12.1	21.0	12.62	9.34	1.21	6.8	75.6
2005年	20.8	7.7	8.0	7.8	4.95	2.59	1.10	2.8	27.7
2006年	21.0	7.5	10.7	9.44		6.33	0.99	3.9	42.7
2007年	20.1	7.6	7.5	11.8	10.08	5.58	1.03	3.0	31.2
2008年	21.2	8.0	15.0	26.9	7.41	4.71	0.87	9.2	101.6
2009年	13.7	7.2	53.6	18.2	11.00	6.23	0.72	3.0	29.1
2004～2009年	20.1	7.7	11.5	16.1	9.06	5.76	1.01	4.9	53.3
III类	—	6～9	6	4	1.0	1.0	0.2	5	—
V类	—	6～9	8	10	2.0	2.0	0.4	2	—

资料来源：中国水电顾问集团华东勘测设计研究院，《象山县大目湾新城水洗规模及配水方案研究》。

10倍，其浓度非常高。普通河流中的COD、总氮、总磷的浓度为
COD：TN：TP=10：1：0.1，而南大河、东大河及西大河与COD的浓
度相比其总氮及总磷的浓度都非常高。另外，总氮与氨氮的浓度
相比，总氮中约70％为氨氮。水中的溶解氧浓度低，则溶解氧饱
和率也就自然降低。这是因为含有高浓度的氨氮，为了稳定氨氮
的硝化作用，从而消耗了水中的氧气。另外BOD浓度非常高，有机
物氧化消耗了大量的氧气是导致水中缺氧的重要原因之一。含氧
少的水域，除了对水中生物的生存环境造成恶劣影响外，还会造
成因氧气不足而生物窒息的情况。并且在含氧量少的水域，伴随
有机物的分解会产生异臭，进一步造成大目湾水环境的恶化。河
水不经处理直接进入大目湾会使整个大目湾水系产生严重的富营
养化。流入大目湾水系的水体必须进行高效强化的理，消减营养
盐类、COD、BOD等污染成分，实施对大目湾入流水质净化是大目
湾建设的一项紧迫的任务。

2. 入流大目湾河道污染分析

（1）河流污染的成因分析

随着经济的发展和人口的增加，生活污水排放总量不断增长
致使河流遭受严重污染，河流生态环境遭到破坏。工业废水排放
仍是河流目前的主要污染源。城乡许多污水未经处理直接排放，
即使经污水处理厂达标处理的污水，由于我国的经济发展水平的
原因，其允许尾水排放值却远大于水体富营养化控制要求值，导
致河流的污染日趋严重（如图4-2）。

（2）污染源特征分类

根据污染源的来源方式可将污染分为点污染源和面污染源，
两种污染的形成原理和特征不同，因此各自的污染处理方法也有
所不同。点源污染通常指集中的排污所形成的污染，面源污染主
要是指因为降水形成的径流所带来的污染。

来源于大目湾附近城镇的排放污水属于点源污染，这些排放
污水有来自于生活的污水，也包括来源于第三产业的排放污水。

图4-2 城市污水、污
水厂出水与控制富营
养化水体水质要求的
差距

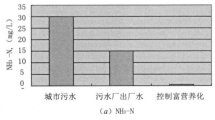

（a）NH₃-N

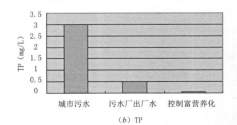

（b）TP

这些污水排入河流以及相关联的湿地中会造成水体系统恶化，生态系统严重受损。尤其是在雨期，随着雨水对排放管道的冲刷，管道中大量的沉积污染物会被冲入河道，严重的情况下可能导致水体黑臭，生物绝迹。

面源污染主要来源于大气负荷、降水负荷、农业负荷、土壤负荷以及城镇负荷等。大气负荷主要是悬浮于大气中的灰尘和污染物的沉降对地表水造成的污染；降水负荷与大气负荷相关联，是通过雨水对大气中的污染物冲刷而导致地表水的污染；土壤负荷是因为水流的运动将土壤中的污染物质和过多的盐分带入水体中形成的污染；农业负荷来源于农田以及养殖区的化肥和有害化学物质；城镇负荷是指生活垃圾、建筑垃圾等污染物被冲刷进水体中形成的污染。对于面源污染的治理存在很多不可控因素，如气象、地质等，相较于点源污染，面源污染更难治理。

（3）内源污染

大目湾东大河、西大河、南大河的河流底泥沉积物是引起内源污染的主要原因，同时，水体中的藻类和水面漂浮物也是引起内源污染的因素。这些污染物质对水体的影响主要表现在富营养化污染和消氧性污染。因此，在对大目湾内源污染的治理中，降解和转化沉积物质是研究的重点方向。

4.2.2　大目湾水文水利分析

1. 大目湾水文分析

（1）流域水系

大目湾位于象山县县城下游靠海（大目涂）侧。根据河道水系及闸门情况，大目湾所在区域可分为丹城区、东陈区两个区域，大目湾位于东陈区。丹城区为象山县县城丹城镇所在地，地势西北高，微向东南倾斜，三面环山，东南面接大目湾海湾，整个区域如同面向东南的盆地，上边以山区分水岭为界，下边以门前涂海堤之前的横大河为界，集水面积约71.78km²。丹城区山丘区呈扇形分布于平原区的上游，山丘区溪涧密布，大多源短流促；丹城平原区纵向河道主要有南大河、东大河、西大河通向门前涂海堤之前的横大河，经柴嘴头闸、岳头嘴闸流入大目涂二期河道。东陈区位于丹城区西南侧，东陈区的主要河道有马岗河、南堡河、松岙及大目湾。马岗河、南堡河、松岙河水流均通过相关闸门汇入大目湾河道，大目湾河道水流最终通过大门山闸、北顾山西闸、北顾山东闸和龙洞山闸排入大目洋外海。东陈区集水面积53.02km²，其中马岗河区块集水面积11.66km²，南堡河区块集水面积17.99km²，松岙区块集水面积6.96km²，大目湾区块集水面积16.41km²。马岗河、南堡河、松岙区域有一些小水库和山塘，主要用于生产、生活用水，其中，仅南堡河上游的南盘水库相对较大，集水面积为2.98km²，库容157万m³，其余水库的集水面积均不足1km²，库容极其有限。各区块河道水系特征如表4-4所示。

大目湾及上游水系洪水计算区划划分及河道特征   表4-4

大区	区块	区块内水库	集水面积（km²）	平原面积（km²）	山区面积（km²）	山区主河道特征	
						河长（km）	坡降（‰）
丹城区	合计		71.78	37.97	33.81	—	—
东陈区	马岗河		11.66	7.71	3.95	0.477	294
	南堡河	南盘水库	17.99	8.5	9.49	1.015	112
	松岙		6.96	2.51	4.45	3.09	114
	大目湾		16.41	15.42	0.99	0.347	294
	合计		53.02	34.14		—	—

资料来源：中国水电顾问集团华东勘测设计研究院《象山县大目湾新城水洗规模及配水方案研究》。

（2）气象

本区域属于亚热带季风性湿润气候，冬季受北方冷高压南下影响，夏季受东南季风影响，同时受海洋对大气的调节影响，具有一定的海洋气候特性，夏无酷暑，冬少严寒，降水量充沛。根据象山县气象站多年观测资料统计，多年平均气温17.5℃，极端最高气温39.6℃，极端最低气温-6.9℃。多年平均相对湿度79%。冬季盛行西北风，夏季盛行东南风，受台风影响时，可出现大风、暴雨，最大定时风速为20m/s，相应风向为东风。象山县气象站1990～2007年气象要素统计成果如表4-5所示。

本区域降水受梅雨期、台风期影响。多年平均降水量为1481.6mm，年内最大降水出现在6、8、9月份，6～9月降水占年降水量的51%。5～6月多梅雨降水，梅雨降水具有历时长、范围广的特点；8～10月多台风降水，台风降水具有历时短、强度大、雨量集中的特点，台风暴雨与外海高潮遭遇，可形成严重的灾害。据丹城站1951～2007年短历时降雨统计资料，最大1h、3h、6h、24h降水分别为104.9mm、163.6mm、175.9mm、358.5mm，均系台风影响形成的降水，降水强度很大。

象山县丹城气象站1990～2007年气象要素统计成果　表4-5

名称	项目	1月	2月	3月	4月	5月	6月
相对湿度（%）	多年平均	75	76	78	78	81	85
	历年最小	16	18	15	15	16	16
风（m/s）	多年平均	2.4	2.3	2.1	2.1	2.0	1.9
	最多风向	NNW	NNW	NNW	NNW	SE	SSE
	最大定时风速	13	10	10	11	10	14
	最大定时风速相应风向	NW	N NNW	WNW	N SSW	SSW S	ESE

名称	项目	7月	8月	9月	10月	11月	12月
相对湿度（%）	多年平均	80	82	81	77	76	74
	历年最小	35	32	25	16	17	13
风（m/s）	多年平均	2.6	2.5	2.3	2.1	2.1	2.4
	最多风向	S	SE	NW	NNW	NW	NW
	最大定时风速	12	20	12	11	12	13
	最大定时风速相应风向	ESE SE	E	W	WNW	NW	N

资料来源：中国水电顾问集团华东勘测设计研究院《象山县大目湾新城水洗规模及配水方案研究》。

（3）径流

东陈区缺少实测径流资料，本区域年、月径流根据降水量进行推算。丹城气象站具有1959～1990年年、月降水量资料，与本规划区域紧邻的大目涂潮位站具有1981～2007年年、月降水量资料。分析、比较丹城、大目涂同期降水资料，两站的降水特性基本一致，但降水量略有差别，丹城年降水量略大于大目涂年降水量，两站年降水量呈带状相关。考虑到大目涂降水量资料为近期资料，因此，采用大目涂降水量资料计算东陈规划区的径流。

根据《浙江省水资源图集》中的年径流系数分布图，东陈区域的年径流系数约为0.45，据此，按照东陈区集水面积53.02km²，分析、推算东陈区的多年平均年、月径流，见表4-6。

由此可见，象山规划区10月～次年2月为径流最枯时段，10月～次年2月枯水时段多年平均水量为844.0万m³。根据1981～2007年各年10月～次年2月枯水时段的水量进行频率计算，选择不同保证率的典型年，各典型年的年、月径流见表4-7。

（4）洪水

根据本规划区域河道汇流情况和河道闸门位置，设置水动力计算节点，对规划区域进行划分，计算各区块的设计洪水。具体划分情况及各区块的河道水系特征见表4-4。

2009年象山县中心城区（丹城片）河道整治规划阶段，华东勘测设计研究院对丹城区的设计洪水进行了分析计算，并编制了《浙江省象山县中心城区（丹城片）河道整治规划报告》，本研究中丹城区设计洪水直接引用该报告中的成果，仅对东陈区设计洪水进行分析计算。东陈区域设计洪水采用设计暴雨进行计算。

设计暴雨：与2009年象山县中心城区（丹城片）河道整治规划阶段计算方法一致，采用丹城1951～2007年实测最大1h、3h、6h、12h、24h和72h降水系列，按照P-Ⅲ频率适线，分析计算各历时设计暴雨。此外，根据《浙江省短历时暴雨图集》，查图计算规划区设计暴雨，并与象山县近期有关规划报告中的设计暴雨成果比较，见表4-8。

由表4-8可见，按照丹城1951～2007年实测暴雨系列分析计算的各历时设计暴雨成果，与《浙江省短历时暴雨图集》查算成果、《象山大目湾生态水环境专项规划》设计暴雨成果相比，按照丹城1951～2007年实测暴雨系列计算成果略大。其中，50年一遇的1h、6h、24h设计暴雨，按实测系列计算成果比查图计算成果分别偏大4.7%、2.4%、9.5%；20年一遇的1h、6h、24h设计暴雨，按实测系列计算成果比查图计算成果分别偏大4.5%、2.4%、7.5%。由此可见：短历时设计成暴雨果相差不大，24h设计暴雨成果比查图成果偏大较多；稀遇频率时，两种计算成果之间的差异稍大一些，常遇频率时，两种计算成果之间的差异稍小一些。根据上述分析，本书采用丹城实测资料计算的设计暴雨成果。

表4-6

东陈区年、月径流（单位：10⁴m³）

1月	2月	3月	4月	5月	6月	7月	8月	9月	10月	11月	12月	年均
174.5	173.3	305.7	267.5	298.0	464.2	308.4	376.9	414.7	193.1	180.6	117.4	3274.3

表4-7

按东陈区10月～次年2月枯水期保证率挑选的典型年、月径流（单位：10⁴m³）

10月～次年2月枯水时段保证率	代表年	3月	4月	5月	6月	7月	8月	9月	10月	11月	12月	1月	2月	10～次年2月水量	年均水量
5%	2000年3月～2001年2月	263.6	130.3	98.3	585.5	169.9	589.6	467.6	447.6	185.9	60.6	289.6	208.8	1193	3497
25%	2005年3月～2006年2月	172.5	193.5	388.2	157.2	222.8	530.9	517.0	187.1	300.6	133.1	274.6	230.7	1126	3308
50%	1990年3月～1991年2月	92.6	367.0	284.9	408.0	228.8	646.1	453.8	108.6	307.8	56.8	148.9	179.2	801	3282
75%	1991年3月～1992年2月	281.8	341.7	202.3	366.0	68.5	543.3	238.1	59.6	93.3	79.0	239.8	117.1	589	2630
95%	1988年3月～1989年2月	328.3	145.5	504.1	805.7	185.1	499.4	276.0	2.0	21.0	53.9	176.3	104.3	358	3102

资料来源：中国水电顾问集团华东勘测设计研究院，《象山县大目湾新城水洗规模及配水方案研究》。

象山短历时设计暴雨成果比较　　　　　　　　　　　表4-8

阶段	时段	均值	Cv	Cv/Cs	设计频率（%）					
					1	2	5	10	20	50
本次（由丹城实测暴雨系列计算）	1h	47	0.5	3.5	129	114	93.5	78	62.5	40.6
	3h	67	0.55	3.5	198	174	141	115	89.8	56.1
	6h	83	0.56	3.5	250	217	176	144	111	69
	12h	105	0.62	3.5	345	298	235	189	143	83.7
	24h	135	0.62	3.5	444	383	302	243	184	108
	72h	175	0.7	3.5	644	548	422	329	240	131
查《浙江省短历时暴雨图集》	1h	45	0.5	3.5		108.9	89.5			
	6h	82	0.55	3.5		212	171.8			
	24h	130	0.58	3.5		349.7	280.8			
	72h	170	0.58	3.5		457.3	367.2			
《象山大目湾生态水环境专项规划》（2009年7月）	1h	43.5	0.52	3.5		107.9	88.3			
	6h	77	0.56	3.5		201.7	163.2			
	24h	120	0.58	3.5		322.8	259.2			
	72h	170	0.58	3.5		457.3	367.2			

资料来源：中国水电顾问集团华东勘测设计研究院，《象山县大目湾新城水洗规模及配水方案研究》。

（5）潮汐

大目湾外海为大目洋，潮汐特性为规则的半日潮。根据大目涂潮位观测站1981~2009年资料统计，实测最高潮位为4.54m（黄海）（1997年8月18日）、实测最低潮位为-2.78m（黄海）；多年平均潮位0.32m（黄海），多年平均高潮位1.84m（黄海），多年平均低潮位-1.17m（黄海）；多年平均潮差3.01m；多年平均涨潮历时5小时54分钟，多年平均落潮历时6小时31分钟。

大目涂海域的潮流以往复流为主，辅以旋转流。一般水道区往复性强，开阔地带旋转性强，憩流不明显。根据大目涂围垦工程中的有关海洋水文测验成果，本海域涨落潮流速一般不超过0.6m/s，最大流速可达1.0m/s。

2．大目湾水利分析

（1）水系规划

大目湾水系规划为淡水水系和海水水系两大系统。水系的规划布置如图4-3所示。淡水水系中的乐居河、南堡河承担了在汛期将丹城区和东陈区的洪水排入大目湾内湾滞洪区的作用；在非汛期，承担了引入上游淡水的功能，其余淡水河道主要是大目湾内部连接河道。海水水系主要是指内湾及沿澄河、澄清河等海水河道，在汛期承担了大目湾的防洪功能，作为滞洪区使用；在非汛期，打造海水景观的功能。

规划的防洪标准为50年一遇的洪水，排涝标准为20年一遇24小时暴雨24小时排出不漫溢。本次象山大目湾水系规模研究以50年一遇的设计洪水位不超过《浙江省象山县中心城区（丹城片）河道整治规划报告》中的设计洪水（3.67m）为目标进行控制。

（2）防洪排涝方案

本次规划中防洪排涝的难点是：上游丹城区三面环山，位于主城区丹山路下游处的南庄平原区域地势较低，山区洪水汇入平原后进入大目湾排出外海时，又受到外海高潮位的顶托作用，大目湾的防洪压力比较大。区域地势如图4-4所示。

大目湾未开发前，整个滩涂都有滞洪作用。开发后，为保持区域环境用水的水质，小频率洪水尽量不进入大目湾。由此将

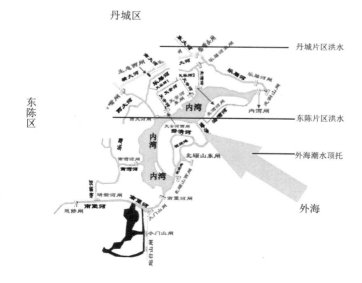

图4-3 大目湾水系规划示意图

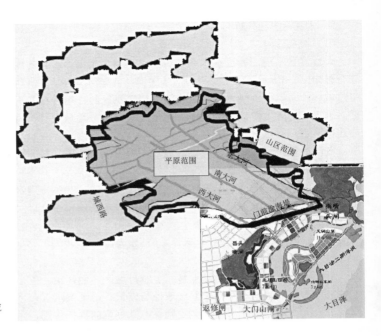

图 4-4　防洪排涝研究
范围图

加重上游南庄平原地势低洼区域的洪涝灾害频度。为解决这一问题，须在大目湾以外设置滞洪区。根据区域地形条件分析，在横大河以北靠近横大河处约2km²区域地势较低，现状地坪大部分为2.40m，多为水田、农田，远期规划为建设用地，此区域都可以作为滞洪区。以满足防洪要求（丹城区横大河以上水位不超过3.67m、大目湾水位不超过3.60m）为控制条件，经分析，滞洪区面积为0.67km²（1000亩）、底高程1.00m即可满足要求。

4.2.3　大目湾淡水水系研究

1. 大目湾淡水水系概况

大目湾淡水水系主要由乐居河、天安河等河道构成，河道规模（底宽）10～55m。洪水期，淡水水系承担着排涝蓄洪、将上游洪水导入滞洪区并外排入海的功能；枯水期主要有沟通水系、涵养水源及打造湿地景观等功能。按汛期1.0m、非汛期1.50m常水位估算，河道容积为84万m³（113万m³）。本次规划，大目湾淡水水系配水水源主要考虑上游丹城区来水。

2. 配水情况分析

根据水源条件，主要分析两种情况，一是仅允许经生态塘处理后的水进入大目湾；二是上游丹城区来水进入大目湾。

（1）生态塘处理后的水进入大目湾

在横大河与大目涂老海堤之间，设置生态塘处理部分上游来水。根据浙江大学《象山大目湾河水生态净化处理工程设计思路》报告，生态塘水处理规模为2.5万～3.2万m³/天。暂按3万m³/天考虑。水质达到《城市污水再生利用　景观环境用水水质》GB/T 18921—2002（观赏性景观环境用水河道类）标准，满足景观用水要求。

东陈区水量不进入大目湾；丹城区经过处理的水自东向西经过淡水水系由大门山闸外排；未经处理的水通过柴头嘴—东大河延伸段由龙洞山闸外排。

生态修复区净化后水量引入淡水水系；经乐居河—研新河—南堡河由大门山闸外排。东城区水量不进入大目湾，经反修闸—南堡河由大门山闸、小门山闸及炮台山闸外排。上游丹城区未经处理的水经柴嘴头闸—乐居河（东大河延伸段）由龙洞山闸外排（图4-5）。

（2）利用上游来水

东陈区的水量不进入大目湾，因此，大目湾的上游来水主要为丹城区片按规划情况实施河道配水后流经大目湾的水量。2009

	未经生态塘处理的水量
	过生态塘处理的水量

图4-5 淡水水系配水生态塘处理后水量进入大目湾示意图

年华东勘测设计研究院完成了《浙江省象山县中心城区（丹城片）河道综合整治规划报告（报批稿）》，对丹城区片按规划情况实施河道配水后流经大目湾的水量进行了分析计算（表4-9）。

受规划方案实施进程影响，到目前为止，丹城区片的配水大部分都没有实施。本次依据上表丹城区片2010年的水量进行分析（丰水期4233万m³、枯水期1925万m³）。丰水期进入该区域的水量较多，配水情况将好于枯水期，因此只分析枯水期情况。枯水期进入大目湾淡水水系的水量为1925万m³，日平均水量为10.5万m³，扣掉蒸发渗漏损失后为10.3万m³。水质基本为Ⅴ类水，基本可以满足景观用水要求。

丹城区片水量一部分经生态塘处理后进入淡水水系，未经处理的通过岳嘴头闸或柴头咀闸进入大目湾淡水水系。东城区水量不进入大目湾，经反修闸—南堡河经大门山闸以及工业园区海堤上的小门山闸和炮台山闸外排，见图4-6配水示意图。

（3）两种水源方案比较

综合考虑大目湾淡水水系配水效果，推荐上游丹城区来水都进入大目湾淡水水系。两种水源方案比较见表4-10。

象山主城区（丹城区）河道配水量估算表（单位：万m³）　　　　　　表4-9

水源	2010 年			2015 年			2020 年		
	全年	丰水期	枯水期	全年	丰水期	枯水期	全年	丰水期	枯水期
本地径流	3320	2577	743	3320	2577	743	3320	2577	743
中水	548	320	228	730	426	304	949	554	395
满足供水后多余水量	2000	1167	833	2000	1167	833	1500	875	625
可重复利用水量	290	169	121	458	267	191	657	383	274
合计	6158	4233	1925	6508	4437	2071	6426	4389	2037

注：1. 表中配水量保证率为P=75%。

2. 此表为规划的实施配水措施后各水平年进入河道的水量。

3. 远期2025年配水量与2020年相同。

图 4-6 淡水水系配水
上游丹城区水量进入
大目湾示意图

淡水水系不同配水水源配水情况表

表4-10

项目	配水情况	
水源	生态塘处理后水量	丹城区进入大目湾水量
水量（万m³/天）	3.0	10.5
源水水质	《城市污水再生利用　景观环境用水水质》(GB/T 18921—2002)(观赏性景观环境用水河道类)标准	近期Ⅴ类，远期Ⅳ类
水量损失（万m³/天）	0.185	0.185
换水周期（天）	汛期30天、非汛期41天	汛期4天、非汛期11天
配水路径	生态塘—淡水水系—龙洞山闸—外海	横大河—淡水水系—龙洞山闸—外海
水位变幅（m）	淡水水系0.05，东大河延伸段1.50	淡水水系0.2~0.3

项目	配水情况	
配水后河道水质	《城市污水再生利用　景观环境用水水质》（GB/T 18921—2002）（观赏性景观环境用水河道类）标准	近期（2015年）V类，中期（2020年）IV类，远期（2025年）III类
流速（M/S）	极小	0.2～0.8，局部大于2.0
水体交换情况	不充分	较充分
配水设施（可比部分）	增设1座制闸	
配水效果	对整个区域防洪及内湾纳潮无影响，换水周期长，水体流动性差，水体交换不充分，换水效果较差	对整个区域防洪及内湾纳潮无影响，换水周期适中，水体具有一定的流动性，水体交换充分，换水效果较好

4.3　大目湾水系景观生态修复设计与研究

　　大目湾水域水环境可视为整体水域生态系统，本次研究基于物质循环与物种共生再生的原理，结合系统分析的最优化方法，促进水域环境良性循环。本项目拟实行生物与生态治理相结合的方法，控制、治理和修复大目湾水环境，使之成为淡水供应、物质生产、生物多样性维持、生态支持、环境净化、灾害调节、休闲娱乐和文化孕育的载体。把大目湾建成资源节约型、环境友好型、低碳经济型的可持续发展的区域。

　　环境污染的过程是一个自然的墒增过程，而修复污染的环境却是墒减过程，需要外加能量才能完成，因此创立低耗高效的技术体系至关重要。基于植物系统与栖息地修复的理论研究和学术思想，以营养生态学和循环经济为理论基础，充分利用太阳能和自然水面，建立高效净化的"生物—生态"系统，把富营养化或污染水体资源化，进行高效利用和良性循环，降低环境修复成本，保障人类健康。

　　污染物质本身也是资源，如何将分散在环境介质中的污染物质富集并利用转化是污染环境修复的根本过程。从物质生态链（食物链）的观点出发，以人类健康为目标，研究氮磷营养盐在土壤—

植物系统和水生生态系中及两者之间的迁移、转化、积累、循环规律及其调控，分析不同植物种类对氮、磷吸收、同化、利用能力的差异，寻找最适于去除水体氮磷污染的植物组合（陆生、湿生植物与生态浮岛技术结合），完善水体氮磷修复的植物－微生物－湿地动物配置原理，探明氮磷污染水体植物高效净化系统管理与资源化利用技术，可从新的角度丰富和完善传统土壤植物营养理论，建立环境营养与生态健康的新基础理论体系。

4.3.1　大目湾植物群落修复设计与研究

水生植物的净化体系是大目湾水系自然维持运转净化体系中极为重要的一个环节。它对吸收水系中有毒物质，消除有机污染物，增加水体溶解氧含量，调节、稳定水质等起着就决定性作用。水生植物的净化能力分为：综合净化、生态净化、重金属净化、病原体净化、营养物净化等。

1. 植物群落水质净化设计与研究

盐水湿地系统水质净化的关键在于植物的选择及配置。选择和搭配适宜的湿地植物，并将其应用于湿地系统中是营建高效湿地系统的关键因素之一，所选择植物应具有良好的生态适应能力和生态营建功能。如果景观的功能有效，是可持续的，那么环境的设计一定综合了自然复杂的程序，整合自然和人类的系统[1]。在大目湾的植物群落修复中，以选用训化本地区天然湿地中存在的植物为主，并且配选植物具有对大目湾生态环境的良好适应性、高效的去污能力以及优美的景观效果。由于湿地中的植物根系要长期浸泡在水中，并且水中的污染物变化较大，因此所选用的水生植物除了耐污能力强外，还要对本地的气候条件、土壤条件和周围的动植物环境有很好的适应能力。为提高盐水湿地的水体净化能力，同时保证植物的健康生长，在大目湾盐水湿地中优选抗性强、品质优的水生植物作为主要的植物群落物种。基于对现地条件的研究，将不同的植物群落混合搭配再按照一定的比例配植，以促进生态系统能够高效运转并达到可持续的平衡状态。在植物的选用过程中应注意植物之间的竞争关系和相互影响，例如芦苇与香蒲的相互作用，宽叶香蒲的落叶会影响芦苇幼苗的发芽和生长等。在大目湾盐水湿地的构建中，植物群落的选用与配植尤为重要，既要保证植物群体的迅速成长，又要提高群落对于污染物质的净化能力。

试验证明至少有240种水生植物能有效吸收水中的氮、磷等营养物质，增加水中的氧气，中和水的pH值，移除过多的盐类，减少有毒物质，抑制水中病菌与藻类等。但能够高效吸收氮、磷等营养物质，与微生物友好、协同作用的植物种类目前发现的不多。在项目中通过多次的现场试验工程筛选、基因驯化，已获得几十种高效去除污染物的特异种质，并在试种过程中收到良好的效果，部分植物如下：

（1）绿苇（特异芦苇）

形态特征：多年生草本，具粗壮匍匐的根茎，秆高可达3m以上，径可达10mm，节下通常具白粉。叶鞘圆筒形，无毛或具细毛，叶舌极短，截平，有短毛；叶片扁平，宽1～3.5cm，质较厚，具横脉，边缘常较粗糙。圆锥花序长可达40cm，分枝密而开展，下部枝腋间具白柔毛；小穗通常4～7花，长12～17mm；颖具3脉，第1颖较短，第1花通常为雄性，外稃长8～15mm，为第1颖长度的2倍或更多，内稃长3～4mm；基盘具长6～12mm之白色柔毛，见图4-7。

绿苇与普通芦苇的比较：绿苇在北纬30°地区试验，生长期在300天左右，萌芽期早，一般比常见芦苇萌芽期早半个多月左右；枯萎期迟，比芦苇休眠迟一个月左右；抗寒性强，芦苇枯萎后，整个植株地上部分干死，绿苇枯萎期茎秆仍长时期保持绿

图 4-7 同一时期拍摄的绿苇与普通芦苇的试种状况　　　　　　（a）绿苇（特异芦苇）　　　　　　（b）普通芦苇

色。绿苇分蘖多，植株密集，高大，生物量大，比芦苇产量高一倍以上；地上部分，淹水茎节须根发达，能大量直接吸收水体中的植物营养物质；景观效果好，该品种杆茎直立，强度高，叶型细长，坚挺，叶距短，叶色深绿鲜亮。老杆茎节多分枝，新叶繁茂。大目湾在北纬20°以下，无霜，冬季温度一般高于5℃，绿苇可保持全年绿色。

净水能力：绿苇根系发达，生长期长，生物量丰富（为 $15kg/m^2$），在特定的情况下，能够去除污水中87%的总磷及84%的总氮，是普通芦苇去除效果的2倍。

（2）千屈菜

形态特征：千屈菜为多年生挺水宿根草本植物。株高 $40\sim120cm$，叶对生或轮生，披针形或宽披针形，叶全缘，无柄。地下根状粗壮，木质化。地上茎直立，4棱。长穗状花序顶生，多而小的花朵密生于叶状苞腋中，花玫瑰红或蓝紫色，花期6～10月。同属植物约27种，常见栽培的有光千屈菜，原产日本和朝鲜。全株光滑，茎细长，花紫红色。大花桃红千屈菜，花穗大，桃红色。毛叶千屈菜，花穗大，全株被绒毛覆盖。

净水能力：千屈菜的生物量高达 $8.45kg/m^2$，对于氮、磷的去除率分别在52%和43%左右。

（3）再力花

形态特征：多年生挺水草本，株高2m左右，叶卵状披针形，复总状花序，花小，紫堇色。再力花是近年来新引入我国的一种观赏价值极高的挺水花卉。净水能力：再力花有很高的生物量，可达 $12kg/m^2$，宽厚的叶片富集大量的N、P等营养物，生长旺盛的再力花如同过滤介质一样，截留并吸收营养物质以及重金属物质，对不同浓度的污水都具有相当高的净化效率。研究表明，再力花对COD、TN、NO_3-N、NH_3-N、TP、PO_4^{3-}-P的去除率分别为29.58%、72.04%、89.32%、11.02%、59.43%、65.12%。

（4）水葱

形态特征：多年生宿根挺水草本植物。株高1～2m，茎秆高大通直，外观很像所食用的大葱，但不能被食用。杆呈圆柱状，中空。根状茎粗壮而匍匐，须根很多。基部有3～4个膜质管状叶鞘，鞘长可达40cm，最上面的一个叶鞘具叶片。线形叶片长2～11cm。圆锥状花序假侧生，花序似顶生。苞片由杆顶延伸而成，多条辐射枝顶端，长达5cm，椭圆形或卵形小穗单生或2～3个簇生于辐射枝顶端，长5～15mm，宽2～4mm，上有多数的花。鳞片为卵形，顶端有小凹缺，中间伸出短尖头，边缘有绒毛，背面两侧有斑点。具倒刺的下位刚毛6条，呈棕褐色，与小坚果等长，雄蕊3条，柱头两裂，略长于花柱。小坚果倒卵形，双凸状，长约2～3mm，花果期6～9月。

净水能力：水葱生长密集，根据实际水体的测定结果表明，水葱对COD、TN、NO_3-N、NH_3-N、TP、PO_4^{3-}-P的去除率分别为21.37%、61.84%、72.35%、9.30%、49.09%、56.52%。水葱对污水具有明显的净化效果，并且能够降低水体的pH值。因此，可通过适时收割水葱来去除水体中的污染物，达到净化水质的目的。

湿地中水体的流动能够促进水中溶解氧的交换和增加，减少藻类的繁殖速度，"流水不腐"就是这个道理的表述。在植物的配植方面，一是应考虑植物种类的多样性，二是尽量采用本地植物。根据湿地水生植物的生长习性，在修复设计中设置了深水、中水和浅水三种不同深度的种植区以适应不同水生植物的生长需求，大多数的湿地水生植物生长在100～150cm深的水中，挺水植物以及浮水植物通常需要30～100cm的水深，湿生和沼生植物需要20～30cm的浅水即可满足生长需求。在大目湾盐水湿地的设计中，除依据水生植物适应水深的程度进行设计外，也考虑到植物的生长范围而采用了植物操控技术。例如在植物种植区周边的水域中设置金属网或是沟渠，以能够较好地控制水生植物的生长范围（图4-8）。

图4-8 大目湾植物群落种植示意图

经过植物操控技术培育的绿苇、千屈菜、水葱等，除提供优美的景观效果之外，对于水体污染物的吸收和水质的净化能够达到很好的效果。为检测水生植物的净化效果，在设计样段中设置试验取样点，依据生态工法设置河床，待水生植物成活后，现场一年3次取样观测对比，可知修复样段的水质有不同程度的改善。期间，对于绿苇人工割除一次，减少其种群密度，3个月之后的数据显示水质略有下降，说明绿苇等水生植物具有一定的净化作用，详见表4-11。

样段水质主要指标监测　　　　　　　　　　　　表4-11

次数	取样时间与类别	TN（mg/L）	TP（mg/L）	BOD（mg/L）	CODMn（mg/L）	DO（mg/L）	备注
0	2004~2009年	9.08	1.059	16.2	11.6	3.6	水质观测值
1	2011年10月02日	5.05	0.807	14.8	10.3	4.4	种植水生植物
2	2012年06月07日	3.29	0.660	10.8	8.5	4.6	植物成活一年，人工割除绿苇前
3	2012年10月02日	3.89	0.630	11.7	9.7	4.3	人工割除4个月后
4	2013年05月03日	2.33	0.582	10.3	8.4	4.7	水生植物成活两年
5	III类	1.0	0.2	4	6	5	水生植物成活两年
6	V类	2.0	0.4	10	8	2	水生植物成活两年

注：取样数据由南京水乐环保科技有限公司检测。

2. 植物群落耐盐碱设计与研究

盐碱土在独特的成土条件下，其分布的微生物数量、活性及土壤的肥力会表现出一定的特殊性，经过土壤的改良、培肥等措施后，土壤生态环境会得到显著改善[2, 3]。在土壤有机质方面客土法改良明显优于新土源改良法，但客土改良随时间延长，土壤结构变差，土壤板结，透气性降低，导致土壤肥力下降；而新土源改良法能使土壤毛细管孔隙增多，透气、透水性能加强[4]。自然植被的分布状况与土壤含盐量关系极大，一般土壤含盐量在1.1%以上区域无自然植被存活[5]。结合多年滨海防护林等工程实践，综合考虑到大目湾土壤、水文、气候的特殊性，研究针对盐水湿地园林植物良好生长的综合技术措施，重点对客土种植和树穴改良种植模式的施工管理程序、工艺和养护管理技术进行详细探讨，如表4-12、图4-9所示。

盐水湿地植物种植技术研究　　　　　　表4-12

方法	覆土种植	树穴改良	原土改良
适用方面	高档次小范围绿化，如道路、公园	大范围湿地工程、沿海防护林、生态林	生态示范
盐碱改良	不利于盐碱改良、易次生盐碱化	较好较快改善盐碱状况	较好较慢
景观营造	见效快、效果好	见效快、效果较好	植物景观较单一、见效慢
可用植物	选用范围光	盐生植物、耐盐碱植物	盐生植物
工程成本	很高	覆土成本的40%	最低

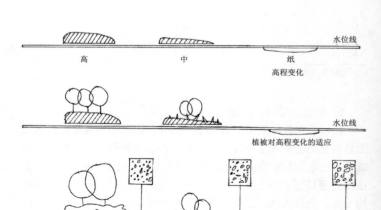

图4-9 植被耐盐示意图

　　实践中经过不断的丰富和改进，在大目湾的实践中逐步完善耐盐碱植物的种植设计，最终形成现在的方案，如表4-13、图4-10所示。

大目湾植物群落耐盐碱方案　　　　　　　　表4-13

种植区域	高程要求	景观要求	土壤改良方式	植物配置
广场道路	3.6m以上	精致舒适	客土	常规植物，有一定耐碱性
淡水湿地	3.6m以上	展现多样性	客土	多种水生植物
休闲林地	3.6m以上	自然宜人	树穴	较耐盐碱植物
洪泛林地	1.5～3.6m	展现生态性	原土	强耐盐碱植物
盐生湿地	1.0～1.5m		原土	盐生植物
内湾岛屿	1.0～3.6m		原土	盐生植物
	3.6m以上		树穴	

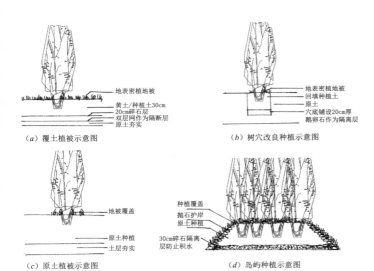

（a）覆土植被示意图
　　地表密植地被
　　黄土/种植土30cm
　　20cm碎石层
　　双层网作为隔断层
　　原土夯实

（b）树穴改良种植示意图
　　地表密植地被
　　回填种植土
　　原土
　　穴底铺设20cm厚鹅卵石作为隔离层

（c）原土植被示意图
　　地被覆盖
　　原土种植
　　土层夯实

（d）岛屿种植示意图
　　种植覆盖
　　抛石护岸
　　原土种植
　　30cm碎石隔离层防止积水

图 4-10　大目湾植物群落耐盐碱方案示意图

　　在现地种植中，选取了樱花、垂丝海棠、梅花、罗汉松、榉树、黄连木、墨西哥落羽杉、柽柳、红楠、舟山新姜子、单叶蔓荆、美国蜡杨梅、常青白蜡、弗吉尼亚栎、珊瑚树等作为试种选种方案（图4-11）。选用适当的排盐碱措施，在一年多的试种过程中，植株成长良好（图4-12）。

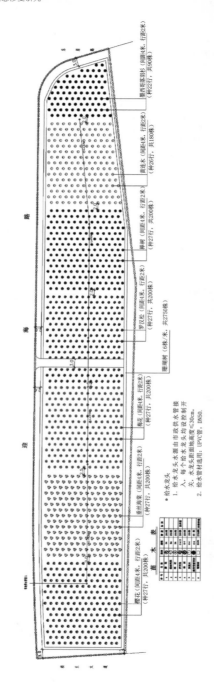

图 4-11 大目湾耐盐
碱植物群落试种图

2011年10月　低水位　生态破坏

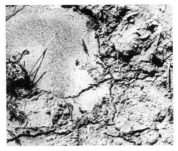

2011年10月　土壤板结　盐碱

2012年4月　驳岸植被修复

2013年4月　修复第一年（成活返青）

2011年10月　滩涂区植被破坏

2013年4月　滩涂植被修复第一年

图 4-12 大目湾耐盐碱植物群落试种效果

4.3.2　大目湾栖息地修复设计与研究

象山植被丰富，污染少，环境好；盐水湿地与淡水湖泊相连接并随潮汐变化而变化。长年在湿地繁衍栖息的鸟类有56种，每年迁徙此地栖息的鸟类有5种左右，连续两年在象山发现腿上套有含英语和日本文字金属环的候鸟，是理想的鸟类繁衍栖息之地。野生动物资源物种丰富，常见穿山甲、小灵猫、獐等活动，海域与象山港相连，拥有丰富的贝藻、虾蟹、鱼类资源。

有关鸟类的资源状况，结合宁波林业局的调查成果与现场观测，大致得到大目湾湿地鸟类动物区系的分布情况。常见的有潜鸟科的红喉潜鸟，鹭科的苍鹭、草鹭等，鸭科的绿翅鸭、翘鼻麻鸭、绿头鸭、凤头潜鸭等。

关于大目湾两栖类的资源状况，尚未找到相关的专类研究，综合有关林业局的调查成果和现场观测，大致得到两栖类动物资源情况，包括蝾螈科的中国瘰螈、镇海棘螈等，蛙科的黑斑蛙、泽蛙、华南湍蛙等。

在对食物链及动物栖息地的修复设计中，结合现场调研和工程工艺，在设计中利用植物、动物、微生物等生物的生命活动，创造适宜食物网中的主要构成物种，如鸟类、哺乳类、两栖类、节肢动物及昆虫等生存繁衍的栖息地，结合适宜植被形成能量流动的动态平衡食物网，通过自然的新陈代谢与能量流动达到对水中污染物进行转移、转化以及降解的作用，从而使水体得到净化，创造适宜多种生物生息繁衍的环境，依靠自然的力量重建并恢复水生生态系统。生态环境的破坏致使鸟类没有筑巢觅食等行为，在对样段栖息地的修复设计中，从鸟类的实地观测数据可知，景观修复之后的样段对野生动物的吸引力在逐渐增加，如表4-14所示。此类生态技术具有处理效果好、工程造价相对较低、不需耗能或低耗能、运行成本低廉等优点，同时不向水体投放药剂，不会形成二次污染，还可以与绿化环境及景观营造相结合，营造人与自然相融洽的优美环境，因此已成为水景污染及富营养化治理的主要发展方向（图4-13、图4-14）。

2013年3月部分鸟类观测记录　　　　表4-14

监测片区：大目湾乐居河三标段样段		检测时间：2013年5月3日	
开始时间：8时10分		结束时间：17时15分	
天气：晴天	温度：22℃～17℃	风向：无持续风向	风力：威风
数量：7只	行为：C、E	栖息地类型：c、d	
小结：该观测点鸟类较少			

注：行为包括：A休息、B觅食、C走动、D游弋、E飞行。

　　栖息地类型：a浅水、b泥地、c草地沼泽、d水中高（埂）地、e水草丛、f圩口。

图 4-13 大目湾针对鱼类及鸟类的栖息地设计

2013年4月　两栖类及昆虫栖息地修复第一年

2013年4月　生态倒木设置

2012年10月　生态岛栖息地修复

2013年3月　捕捉拍摄鸟类筑巢行为

图 4-14 大目湾栖息地修复设计实施

4.3.3　大目湾护岸工的生态工法设计与研究

　　"非结构性驳岸"是指运用自然界物质按照自然驳岸的模式形成的坡度较缓的护岸，又可分为自然缓坡式驳岸和生物工程驳岸。自然缓坡式驳岸只需根据土壤的自然安息角放坡，逐层夯实之后在表面铺设卵石、细沙或种植植物等。生态工程驳岸要求在驳岸植被形成之前先运用天然或是环保材料进行加固，如椰壳纤维、稻草等，以防止水土流失和驳岸侵蚀，随着植物的生长，这些起初用来进行加固的天然纤维材料会逐渐降解回归自然。

　　"结构性驳岸"是基于力学原理，采用石块、木料等硬质天然材料与植物种植相结合所形成的护岸。在大目湾盐水湿地的结构性驳岸中研究其生态工法，将工程技术与生态修复结合应用，提高材料的抗冲蚀能力，同时为水生动植物提供可靠的栖息环境。采用生态工法的结构性驳岸在设计中应注意结构稳固问题，基于

2012年7月 台风通过 石笼基础坍塌损毁

2012年11月 生态结构性驳岸修复

图4-15 生态结构性
驳岸坍塌与修复

土壤土质和水文条件进行计算之后，合理采用石块、石笼等工程措施，以防止驳岸的自然坍塌或是因为台风等外力所带来的损毁（图4-15、表4-15）。

大目湾盐水湿地的生态护岸工法基于对现地水文水质、生态环境的研究，不仅能够提供防洪排涝的功能，还具备调节水位、促进水体自净、恢复水域生态过程的作用。大目湾盐水湿地生态护岸采用天然材料形成可渗透的界面，在枯水期和丰水期地下水与湿地水体互相补充，同时，大量的湿地植物群落也具有涵养水分的功效。护岸工结合固床工在湿地水域中创建各种鱼道和鱼类栖息地，通过对石块的摆放形成不同的湍流，增加了水中溶解氧的含量。同时，生态护岸上植物群落的修复为昆虫和鸟类提供了觅食与繁衍的场所，修复的食物链中能量与物质的自然循环促进了水体的自净能力，形成一个复合型的可持续发展的生物共生生态系统。

大目湾盐水湿地所设计应用的生态护岸类型包括之前章节所研究阐述的生态柴笼、切枝压条、石笼浅滩等的生态工法。由于水利调蓄的功能需要，根据气象数据、综合径流系数、水流速度、蒸发率等数据的综合运算，大目湾乐居河的河底宽度为25m，顶宽为35m，要求过洪面积为123m^2，水体洪水位为3.6m，常水位为1.5m。根据水位变化情况将水体驳岸分为三级：一级驳岸标高为2m，二级驳岸标高为0.8m，三级驳岸标高为-0.2m。这三级驳岸之间通过种植挺水植物和布置石景，不仅能遮挡次级驳岸，还能起到防洪供养的作用。

1. 大目湾硬质生态驳岸

与广场衔接的滨水木平台，需要较多的硬质空间来营造都市硬朗的现代感，这类硬质驳岸的设置，能体现出景观的精致和舒适（图4-16）。

结构性驳岸与非结构性驳岸对比表

表4-15

分类项目	护岸性质	使用材料及做法（安全性）	景观效果	生态效果	游憩功能适用性	经济性	适用范围
非结构性驳岸	自然驳岸	运用泥土、植物及原生纤维物等形成自然特质、卵石坡、沙滩、滩等	软质景观，层次性好、季相特征明显	对生态干扰最小，最仿自然形式的河岸	适宜静态个体游憩和自然研究性游憩	工程最小，取材本土化，经济性好	坡度较缓，一般要求坡度在土壤安息角以内，且水流平缓
	生态工程驳岸	格笼（木、金属、混凝土预制构件）、金属网笼、预制混凝土构件等	软、硬景观相结合，质感、层次丰富	对生态系统干扰小，允许生态流的交换	适宜静态、个体和群体游憩，有一定工程量，但施工方便，周期短	有一定的工程量，但施工方便，周期短	适用于各种坡度，水流平缓或中等，一般护岸高度不超过3m
结构性驳岸	硬质驳岸	浆砌块石、卵石和现浇混凝土及钢筋混凝土等	硬质景观，效果差，绿化覆盖有助于改善形象	隔断了水、陆之间的生态流的交换，生态性差	适宜静态和动态游憩（陡直护岸会影响亲水可达性）	工程量大，人力、物力投入多且日工程周期长，投资较大	水流急、岸坡高陡（3～5m以上）且土质差

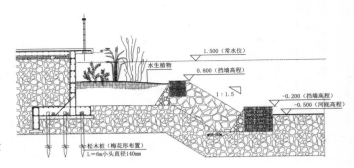

**图 4-16 大目湾硬质
生态驳岸设计**

2. 软质生态驳岸

运用泥土、植物及原生纤维物质等形成自然草坡、沙滩、卵石滩等形成生态驳岸（图4-17、图4-18）。

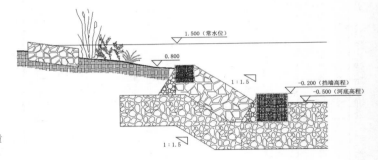

**图 4-17 大目湾软质
生态驳岸设计（一）**

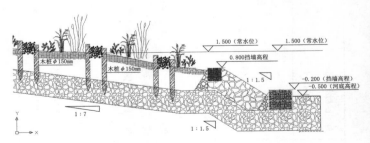

**图 4-18 大目湾软质
生态驳岸设计（二）**

4.4 效益评估与风险对策

4.4.1 非工程措施及工程运行管理

单纯依靠城市防洪排涝工程往往并不能彻底解决洪水灾害问题，从目前国内外的实践与研究来看，非工程性措施已经得到越来越广泛的应用。为保护和合理开发利用河道，加强城区河道管理，保障防洪安全，改善城市水环境，充分发挥城区河道的综合效益，根据《中华人民共和国水法》、《中华人民共和国防洪法》、《中华人民共和国河道管理条例》、《浙江省实施〈中华人民共和国水法〉办法》、《浙江省实施〈中华人民共和国河道管理条例〉办法》等，制定城市内河管理办法。

1. 防汛体系

大目湾水域面积大，河道及内湾都有蓄洪功能，对整个象山县城防洪的作用重大。其防汛体系要服从县里的统一调度。大目湾管委会需设防汛领导小组，组织实施防汛防台工作。

组织防台防汛工作检查：防汛领导小组组织有关人员对防汛排涝设施、险要地段、危险房屋、通信线路、供电设施以及剧毒、易燃、易爆物资仓库等进行全面检查。发现薄弱环节，责任到人，及时维修，消除隐患。

备足防台防汛器材：采取国家重点集中储备和集体自筹相结合的原则，准备好草包、毛竹、木桩、圆钉、铅丝等物资，专人保管，专料专用。

落实防汛措施：灾情超过防御工程能力时，采取各种应急措施，组织抢险救灾队伍，制定人员物资转移、通信设备、交通运输、治安保卫、生活资料供应、医疗救护以及善后处理等各方面的应急方案和应急措施。

建立各级防台防汛组织岗位责任制：对于水闸、排涝泵站等设施，汛前应做好设备维修保养，保证排得出，挡得住，水位降得下。供销物资部门，负责抗灾抢险器材储备，保证及时供应。气象、水文部门负责风、雨、潮的测报工作，保证测报质量，及时提供雨情和水情趋势。建设、交通部门，负责城镇泵站排水和做好行道树的整枝、绑扎、加固，确保交通安全畅通。房管部门，做好危房维修、下水道的疏理。供电、电话、广播部门，加强设检查和维护，确保安全供电，保证排涝用电，确保通信畅通。公安部门，加强巡查，维护好社会治安。

做好汛情预测预报工作：加强值班，认真收听气象预报。无线通信电台接到上级指示，出现情况，及时向各有关部门通报。

2. 防洪排涝工程管理措施

按闸门调度原则调度各节制闸及挡潮闸。汛期应做好各节制闸与挡潮闸之间的调度工作，尽量满足区域防洪纳潮要求。水位超过设计洪水位时，对一些堤顶高程不足的堤岸，必须抢筑子埝；应对堤岸薄弱地段打桩加固，对危险水闸突击加固或封堵。

3．组织调度

（1）确保重点区域不漫顶，确保重要排水片、生命线工程、重要企事业单位、仓库的安全。突击抢险，堆筑草包，充分利用河道的行洪能力，力争河道强迫行洪。如人力不能抵御，先放弃不重要区域，确保城市安全。对水厂、变电站等关系国计民生的单位，必须抢筑围堤，保障运行。

（2）对交通命脉等易涝的险要地区必须组织工程措施，当水位过高时，截留上游来水，加设临时泵站，扩大其周围片区的自成系统的排涝能力。

（3）建立、健全各级各类抢险队伍、专业队伍。充分发挥民兵的作用，发扬"人在堤在，抗洪保家"的拼搏精神，建立一支"招之即来、来之能战、战之能胜"的队伍、包括：值班值勤队伍、巡逻检查队伍、抢险队伍、供给保障队伍、疏散转移队伍。

（4）后方人员的组织撤离是以防万一的对策之一。除保证道路畅通组织抢险外，在城区东、南、西、北各方向组织疏散场地，转移安置受灾群众。

4.4.2　效益评估

1．社会效益分析

大目湾盐水湿地是服务于自然生态，有利于社会的工程项目。通过对盐水湿地生态环境的修复与治理，为自然界的水系统输入健康的水源。无论从民生角度、社会效益，还是从生态环境的健康发展看，大目湾盐水湿地对于提高自然生态健康和人们生活质量都有着重要作用。

（1）水资源中水回用效益

大目湾水体生态修复净化工程的建成，淡水水体全部来自于污水、中水回用，节约了宝贵的水资源，实现了水资源的循环利用。污水的生态净化利用，是真正意义上的低碳经济模式，为同类地区的水资源保护利用从技术上、经济上作出了示范。

（2）生态效益

项目的实施提升了大目湾水体流域的生态安全，水污染将得到有效治理，区域生态破坏得到有效控制，促进生态多样性恢复，增进生态系统的良性循环，增强了流域防洪抗灾能力，维护社会稳定和协调发展。项目的建成，使排入东海的水质显著提高，促进了海洋生态的平衡，极大地提升了大目湾社会的可持续发展能力。

2．经济效益分析

由于水污染控制工程的经济效益中无形效益比重较大，且直接体现在环境效益和社会效益中，实质效益相对不甚显著。

（1）无形效益

众所周知，污染的水环境系统会给人类的健康和自然生态造成直接并且巨大的损失，同时也制约着工业与农业的健康发展。水污染以及由水污染带来的环境和生态系统的损害不仅付出的是经济代价，更重要的是生态代价。相反，如果控制好水环境治理，经过生态修复从而达到生态系统的健康平衡发展所带来的收益就远远大于投入的成本，更多的是潜在的、长期的效益，并且获得收益的不仅是投资者而是全社会。

（2）节能减排实质效益

随着我国环境形势的不断恶化，2007年浙江省嘉兴市和江苏省太湖流域率先试行排污权交易。排污权交易是指在严格控制污染物排放总量的前提下，允许通过货币交换的方式形成各污染源和排污量之间的相互调剂。排污权交易是一种市场鼓励制度，经过实际操作，被认为是现阶段成本小、产值大的控制污染的有效方法。例如嘉兴市于2007年开始实行的排污权交易中规定COD排污价格为8万元／吨，二氧化硫排放价格为2万元／吨，随着排污交易的推行，对污染源的控制有了很大成效。由此可见，在大目湾盐水湿地的综合治理中，在一定的政策条件下实施排污权交易，是可以带来巨大的节能减排实质效益的。

3．风险分析及对策

本项目工程地处大目湾的低洼泄洪区。大目湾属海洋性气候，环境因素不可避免的会对工程产生一定的影响。分析影响因子，在设计中做好对策是降低风险的有效途径。

（1）季节影响分析及对策

植物生态系统对季节变换比较敏感，植物分常绿、落叶、冷季、暖季型。常绿型植物生物量低，季节型生物积累量高，但易受温度变化冲击，而大目湾水体生态修复净化工程则要求全年不间断运行，并要求运行相对稳定，针对上述问题，此次修复设计对策为多单元复合工艺组合，分别利用湿地河床系统、植物生态系统串联、组合发挥多途径去除的特点，达到运行相对稳定。部分植物实行季节性轮作制。此次修复设计以冬季生态系统运行效率低点为设计参数，如此时能达到目标值要求，则其他时段都会优于目标值要求。

（2）淹没风险分析及对策

此盐水湿地设计区域地处大目湾防洪堤内侧的低洼滞洪区，用地高程负于城市建设基准标高2m左右，也就是说该区域在夏季丰水泄洪季节会短期受淹。

对策措施：针对该区块短期受淹影响的特点，设计时分别对池体构筑物、湿地构筑植物等进行耐淹设计。选用植物都为耐淹的挺水植物和浮叶植物，短期水淹不会对植物造成损害，即使长期（超过一个月）过顶淹没，退水后也能很快恢复生长。由于风雨及滞洪区水流的冲刷浸泡，部分植物可能倒伏，倒伏植物可修割和抚直；浮岛可锚固和拉移。乔木则可以采用支撑或拉绳等方法加以固定。积极做好应急预案，台风影响可以降到最低。

（3）病虫害影响分析及对策

在本次盐水湿地设计中，植物以抗病虫性强的植物为主，如再力花、番根草、鸢尾、芦苇等多品种组合，并且实行间作和镶嵌，具有较强的防虫害作用，不会因病虫害而导致灾害。在试验区，经三年的运行统计，只出现轻微的蚜虫和五夜蛾散发现象，没有对植株造成危害。

（4）生态风险评价及对策

此盐水湿地设计中，植物大多以本地原生种为主，但为了提高生态系统效益也选用了不少外来植物进行配置。本设计配置的外来植物均为浙江省园林景观中引进的物种，并且本工程在运行过程中采取了定植并定期收割和打捞的措施，不会造成外来物种扩散和入侵现象。

第 5 章

结束语

湿地作为一种具备环境和生态效益的技术，具有良好的污染物去除效果、可观的经济效益和广泛的适用性。对于盐水湿地的"生物—生态"修复设计与研究是对生态系统恢复的人为干扰与控制，不仅局限在对于某类物种的简单恢复，而是对于整体生态系统的结构、功能、生态可持续性以及生物多样性的全面修复。"生物—生态"修复以及生态工法的研究实践是基于生态学与生物学的一种研究方法和手段。

"生物—生态"修复技术的核心原理是再生循环、整体与协调性并存。湿地经过"生物—生态"修复之后能够具备动态平衡的健康生态系统，生态系统中的物质与能量循环连续且可持续，生物之间相互作用达到动态稳定，水体自净能力增强，这些都是评价生态修复成功与否的标准。

行业内对自然保护的态度不可避免地会有所不同，这反映了市场的弹性和公众的关注度。但是环境问题政策化和管理制度化日益成为趋势，未来应鼓励加强盐水湿地"生物—生态"修复与生态工法的实施，修复与创建更多能够吸引野生动物、适合湿地植物生存的栖息地。

盐水湿地中的大型野生动物加强方案往往是有针对性的，部分会因为社会效益的原因，让人们更好地了解引人注目的野生动物，如鸟类。但希望在未来的湿地修复与建设中，在适当的时候，也应当把小规模、不引人注目的湿地野生动物包含进去。这将为自然保护作出贡献，提供积极的作用。在未来，一种适合野生动物栖息的盐水湿地将会给自然湿地系统提供巨大的潜力。

参考文献

第1章

[1] Whigham. Wetlands of the world [M]. Netherlands: Kluver Academic Publishers, 1993.

[2] Kusler J.A., et al. Wetlands [J]. Scientific American, 1994, 1: 50-60.

[3] 郑永莉, 许大为, 王瑞兰. 浅析自然湿地景观设计框架[J]. 东北农业大学学报, 2005, 36 (4): 38-40.

[4] 陈运生. 浙东湿地的古地理环境研究[J]. 地理科学, 1999, 19 (3): 35-36.

[5] 李洪远, 鞠美庭. 生态恢复的原理与实践[M]. 北京: 化学工业出版社, 2004.

[6] 任海, 彭少麟, 陆宏芳. 退化生态系统恢复与恢复生态学[J]. 生态学报, 2004, 24 (8): 1756-1764.

[7] David Weaver著. 杨桂华, 王跃华, 肖朝霞等译. 生态旅游[M]. 天津: 南开大学出版社, 2004.

[8] Allan JD, Johnson LB. Catchment-scale analysis of aquatic ecosystem[J]. Fresh Biol, 1997 (37): 107-111.

[9] 蔡庆华, 吴刚, 刘健康. 流域生态学: 水生态系统多样性研究和保护的一个新途径[J]. 科技导报, 1997 (5): 24-26.

[10] 孙广友. 中国湿地科学的进展与展望[J]. 地球科学进展, 2000, 15 (6): 666-672.

[11] 刘满平. 水资源利用[M]. 北京: 中国建材出版社, 2005.

[12] 钱俊生. 可持续发展的理论与实践[M]. 北京: 中国环境科学出版社, 2002.

[13] 吴江. 上海崇明东滩湿地公园生态规划研究[D]. 华东师范大学博士论文, 2005.

[14] 王庆安, 任勇, 钱骏等. 人工湿地塘床系统净化地表水的试验研究[J]. 四川环境, 2000, 19 (1): 9-15.

[15] 张峻秀, 王真. 一种亚热带水环境的定量分析法[J]. 中国环境监测, 2000, 16 (3): 33.

[16] Gleick P H. Water in crisis: Paths to sustainable water use [J]. Ecological Applications, 1998, 8 (3): 571-579.

[17] 徐志侠，王浩，董增川等.河道与湖泊生态需水理论与实践[M].北京：中国水利水电出版社，2006.

[18] 殷康前，倪晋仁.湿地研究综述[J].生态学报，1998，18（5）：439-545.

[19] 张更生，郑允文，吴小敏等.自然保护区管理、评价指南与建设技术规范[M].北京：中国环境科学出版社，1995.

[20] 成水平，夏宜净.香蒲、灯芯草人工湿地的研究——净化污水的机理[J].湖泊科学，1998，10（2）：66-71.

[21] 陈吉泉.河岸植被特征及其在生态系统和景观中的作用[J].应用生态学报，1996，7（4）：439-448.

[22] Shimp J F, Tracy J C, Davis L C, et al. Beneficial-effects of plants in the remediation of soil and groundwater contaminated with organic materials[J]. Critical Reviews, Environ. Sci. Tech., 1993, 28（5）：481-487.

[23] 倪乐意.大型水生植物[M]//刘健康.高等水生生物学.北京：科学出版社，1999：224-241.

[24] 颜素珠.中国水生高等植物图说[M].北京：科学出版社，1983.

[25] 李志炎，唐宇力，杨在娟等.人工湿地植物研究现状[J].浙江林业科技，2004，24（4）：56-59.

[26] Haig S M, Mehlman D W, Oring L W. Avian movement and wetland connectivity in landscape conservation[J]. Conversation Biology, 1998, 12（4）：749-758.

[27] Howes J, Bakewell D. Shorebird Studies Manual[J]. AWB Publication No. 55, 1989：143-147.

[28] 朱祥明，梅晓阳.上海城市湿地空间的绿化特色初探[J].中国园林，2005（1）：59-61.

[29] 许木启，黄玉瑶.受损水域生态系统恢复与重建研究[J].生态学报，1998，18（5）：547-557.

[30] Kristin S. Ecosystem health: A new paradigm for ecological assessment[J]. Trends in Ecology & Evolution, 1994, 9（12）：456-457.

[31] Rapport D J, Costanza R and McMichael A J. Assessing ecosystem health[J]. Trends in Ecology & Evolution, 1998, 13（10）：397-402.

[32] 崔保山.湿地生态系统生态特征变化及其可持续性问题[J].生态学杂志，1999，18（2）：43-49.

[33] Costanzia, R. Toward an operational definition of ecosystem health[C]// In: Costanzia, R, B.G. Norton, B.D. Haskellleds. Ecosystem health: new goals for environmental management Washington D.C.: Island Press, 1992: 239-256.

[34] 胡春宏. 论维持黄河健康生命的关键技术与调控措施[J]. 中国水利水电科学研究院, 2004, 11.

[35] 胡春宏, 陈建国, 郭庆超. 论维持黄河健康生命的关键技术与调控措施 [OL]. http://www.irtces.org, 2005.

第2章

[1] Bradshaw A D. Restoration of mined lands-Using natural processes[J]. Ecological Engineering, 1997, 8: 255-269.

[2] 王家玲. 环境微生物学[M]. 北京: 高等教育出版社, 1988.

[3] 佟才, 王虹扬, 何春光等. 城市人工湿地生态公园建设及其效益分析 [J]. 吉林林业科技, 2004, 33 (6): 25-28.

[4] Mitsch, W.J., R.F. Wilson. Improving the success of wetland creation and restoration with know-how, time, and self design[J]. Ecological Applications 1996 (6): 77-83.

[5] Yang Lihong, Zhuo Lihuan. Studies on purification ability of aquatic plants of the eutrophication water[J]. Journal of Jilin Agricultural University, 2006, 28 (6): 663-666.

[6] Ge Ying, Chang Jie, Wang Xiao-yue. Comparative studies on the purification ability of plants in different degree eutrophic water[J]. Acta Scientiae Circumstantiae, 1999, 19 (6): 690-692.

[7] Cheng S, Grosse W, Karrenbrock F, et al. Efficiency of constructed wetlands in decontamination of water polluted by heavy metals[J]. Ecological Engineering, 2001, 18 (3): 317-325.

[8] David E S, Ingrid J P, Roger CP, et al. Metal accumulation by aquacultured seedlings of Indian mustard[J]. Environmental Science and Technology, 1997, 31 (6): 1636-1644.

[9] Dushenkov V, Kumar N, Motto H, et al. Rhizofiltration—the use of plants to remove heavy metals from aqueous streams[J]. Environmental Science and Technology, 1995, 29: 1239-1245.

[10] Guo Wanxi, Hou Wenhua, Miao Jin. Effects of different

hydrophytes on the phosphorus redistribution in plant—overlay water-sediment systems[J]. Journal of Beijng University of Chemical Technology, 2007, 31 (1): 1-4.

[11] Haberl R, Perfler R . Nutrient removal in the reed bed systems[J]. Water Science and Technology, 1991, 23 (6): 729-737.

[12] Yuan Donghai, Xi Bei dou, Wei Zi min, *et al*. Disposal of eutrophication water by the microorganisms-aquatic plants strengthened purification system in predem[J]. Journal of Agro-Environment Science, 2007, 26 (1): 19-23.

[13] Reilly J F. Nitrate removal from a drinking water supply with large free-surface constructed wetlands prior to groundwater recharge[J]. Ecological Engineering, 2000, 14: 33-47.

[14] Glick B R. Phytoremediation: synergistic use of plants and bacteria to clean up the environment[J]. Biotechnology Advances, 2003, 21: 383-393.

[15] 杨阿莉.可持续发展理论与生态旅游[J].河西学院学报, 2004 (5): 81-83.

[16] 王宪礼.我国自然湿地的基本特点[J].生态学杂志, 1997, 16 (4): 64-67.

[17] 谢一民, 杜德昌, 孙振兴等.上海湿地[M].上海: 上海科技出版社, 2004.

[18] 上海市农林局.上海陆生野生动植物资源[M].上海: 上海科学技术出版社, 2004: 59-99.

[19] Hervey B. Shorebirds leaving the water to defecate[J]. Auk, 1970, 87 (1): 160-161.

[20] 王天厚, 文贤继, 石静韵等.汇丰湿地管理培训手册[M].中国香港: 世界自然基金会（香港）资助, 2003: 86-89.

[21] 唐承佳, 陆健.围垦堤内迁徙鸻鹬群落的生态学特性[J].动物学杂志, 2002, 37 (2): 27-33.

[22] 胡伟, 陆健健.三甲港地区鸻形目鸟类春季群落结构研究[J].华东师范大学学报（自然科学版）, 2000, 4: 106-109.

[23] 郑卫民, 吕文明, 高志强等.城市生态规则导论[M].长沙: 湖南科学技术出版社, 2000.

[24] Wetzel R G. Scientific foundations in constructed wetlands

for water quality improvement[J]. Boca Raton, FL: CRC Press, 1993: 3-7.

[25] 滨洋，刘宜.人工湿地处理污水的机理与其应用前景[J].四川环境，2008，27（1）：81-86.

[26] 吴晓磊.构建湿地废水处理机理[J].环境科学，1995，16（3）：83-85.

[27] 张鸿，陈光荣，吴振斌等.两种构建湿地中氮、磷净化率与细菌分布关系的初步研究[J].华中师范大学学报（自然科学版），1999，33（4）：575-578.

[28] Kadlec R H. Chemical, physical and biological cycles in treatment wetlands[J]. Wat. Sci. & Tech., 1999, 40: 37-44.

[29] Madigan M T, Martinko L M, Parker J. Brock Biology of Microorganisms[M]. 8th ed. Prentice Hall, Upper Saddle River, NJ, 1997: 986.

[30] Hoppe H G, Emerick L C, Gocke K. Microbial decomposition in aquatic environments: combined processes of extra cellular activity and substrate uptake[J]. Appl Environ Microbiol, 1988, 54: 784-790.

[31] Savin M C, Amador L A. Biodegredation of norflurazon in a bog soil[J]. Soil Biol Biochem, 1998, 30: 275-284.

[32] Martin C D, Moshiri G A. Nutrient reduction in all in—series constructed wetland system treating landfill leanhate[J]. Water Sci Technol, 1994, 29（4）: 267-272.

[33] 郑天凌，庄铁成，蔡立哲等.微生物在海洋污染环境中的生物修复作用[J].厦门大学学报（自然科学版），2001，40（2）：524-534.

[34] 李科德，胡正嘉.芦苇床系统净化污水的机理[J].中国环境科学，1995，15（2）：140-144.

[35] 张巍，赵军，朗咸明等.人工湿地系统微生物去除污染物的研究进展[J].环境工程学报，2010，4（4）：721-728.

[36] 项学敏，宋春霞，李彦生等.湿地植物芦苇和香蒲根际微生物特性研究[J].环境保护科学，2004，30（124）：35-38.

[37] 沈耀良，王宝贞.人工湿地系统的除污机理[J].江苏环境科技.1997，10（3）：1-6.

[38] 林静，谢冰，徐亚同.复合微生物制剂对芦苇人工湿地去除污染物的影响[J].水处理技术，2007，33（2）：38-41.

[39] Newman J M, Claus en J C, Neafsey J A. Seasonal performance

of a wet land constructed to process dairy milk house wastewater in Connecticut[J]. Ecological Engineering, 2000, 14 (5): 181-198.

[40] Reddy K R, Pat rick W H . Nitrogen transform at ions and loss in flooded soil sand sediments [J]. CRC Critical Reviews in Environmental Control, 1984, 13 (8): 273-309.

[41] 杨桂芳等.慢速渗透土地处理系统生存效应研究[M]//国家环境保护局.水污染防治及城市污水资源化技术.北京：科学出版社，1997：91-304.

[42] Duncan C P, Groffman P M. Comparing microbial parameters in naturaland constructed wetlands[J]. Journal of Environmental Quality, 1994, 23 (5): 298-305.

[43] 雒维国.潜流型人工湿地对氮污染物的去除效果研究[D].南京：东南大学，2005.

[44] 梁威，吴振斌.复合垂直流构建湿地基质微生物类群及酶活性的空间分布[J].云南环境科学，2002，21 (1): 5-8.

[45] 王万宾，段亮，田自强等.潜流人工湿地修复河道水质研究[J].安徽农业科学，2009，37 (10): 4629-4631.

第3章

[1] Mitsch, W.J. Ecological engineering: An introduction to ecotechnology[M]. New York: Wiley, 1989.

[2] ODUM H T. Environment, power and society[M]. New York: John Wiley and Sons, Inc., 1971: 60-95.

[3] （美）克雷格·S·坎贝乐，（美）迈克乐·H·奥格登著.吴晓芙译.湿地与景观[M].北京：中国林业出版社，2004.

[4] 潮洛蒙，俞孔坚. 城市湿地的合理开发与利用对策[J].规划师，2003，19 (7): 75-77.

[5] WILLIAM J M, SVEN E J. Ecological engineering: a field whose time has come[J]. Ecological Engineering, 2003, 20 (5): 373.

[6] Cech JJ. Multiple stresses in ecosystems[M]. Boston: Lewis Publishers, 1998.

[7] Mitsch etc. Global wetlands: old and new world[M]. Elsevier, Netherlands, 1994.

[8] SEIFERT A. Naturnaher wasserbau[J]. Deutsche Wasserwirtschaft, 1983, 33 (12): 361-366.

[9] HOHMANN J, KONOLD W. Flumbau masnah men an derwutach und ihre bewertung aus oekologischer sicht[J]. Deutsche Wasserwirtschaft, 1992, 82 (9): 430-440.

[10] SCHULZE P C. Engineering within ecological constraints[J]. Washington D C, National Academy Press, 1996: 111-128.

[11] SCHIECHTL H M, STERN R. Water bioengineering techniques for watercourse, bank and shoreline protection[M]. Oxford: Blackwell Scientific Publication, 1997: 143-145.

[12] 倪绍祥.土地类型与土地评价概论[M].北京：高等教育出版社，2002.

第4章

[1] 卢小丽，武春友，Holly Donoho.生态旅游概念识别及其比较研究——对中外40个生态旅游概念的定量分析[J].旅游学刊，2006 (2)：56-61.

[2] 杨富亿，王志春，赵春生.盐碱地农—渔开发对土壤环境的影响[J].生态环境2004，13 (1)：54-56.

[3] 杨富亿.盐碱湿地及沼泽渔业利用[M].北京科学出版社. 2000，137-183.

[4] 夏北成.土壤微生物群落及其活性与植被的关系[J].中山大学学报. 1998，(3)：94-98.

[5] 李谦.浅谈灌溉区盐碱地治理[J].中国科技信息，2007，(18)：26-27.